中山大学人类学博物馆馆藏系列丛书

中山大学人类学博物馆馆藏珍品

郑君雷 主编

中山大学出版社
SUN YAT-SEN UNIVERSITY PRESS
·广州·

图书在版编目(CIP)数据

中山大学人类学博物馆馆藏珍品/郑君雷主编.—广州：中山大学出版社，2019.1
（中山大学人类学博物馆馆藏系列丛书）
ISBN 978-7-306-06539-1

Ⅰ.①中… Ⅱ. ①郑… Ⅲ.①人类学-博物馆-图集-文集 Ⅳ.① Q98-53

中国版本图书馆CIP数据核字（2019）第003946号

Zhongshandaxue Renleixue Bowuguan Guancang Zhenpin

出 版 人：王天琪
丛书策划：王延红
责任编辑：王延红
封面设计：刘　犇
装帧设计：苏马强
责任校对：罗雪梅
责任技编：何雅涛
出版发行：中山大学出版社
编 辑 部：020-84111946，84113349，84111997，84110779
发 行 部：020-84111998，84111981，84111160
地　　址：广州市新港西路135号
邮　　编：510275　　　传　真：020-84036565
网　　址：http：//www.zsup.com.cn
E-mail：zdcbs@mail.sysu.edu.cn
印 刷 者：佛山市浩文彩色印刷有限公司
规　　格：889mm×1194mm　1/16　14.25印张　244千字
版次印次：2019年1月第1版　2019年1月第1次印刷
定　　价：198.00元

中山大学人类学博物馆馆藏系列丛书

序言

葱郁明丽的康乐园在微风中迎来了秋意，红砖绿瓦的马丁堂内，人类学博物馆又悄然度过了一个春夏。老旧的木柜，杂陈的物事，重重门扉内是一片凝滞的岁月，这所承袭了岭南大学文物馆和中山大学文物馆血脉精华，经教育部批准设立三十余年的高校博物馆，正渐渐从冗长的梦中醒来。

岭南大学博物馆（后改称文物馆）成立于1923年，1927年冼玉清兼任馆长。中山大学文物馆的前身可以追溯至国立中山大学的民俗风物陈列室（成立于1928年3月）和古物陈列室（成立于1928年12月），这两个陈列室分别隶属于语言历史学研究所下的民俗学会和考古学会。1953年以原岭南大学文物馆和原国立中山大学文科研究所陈列室为基础，成立中山大学文物馆，首任主任为刘节。中山大学文物馆是1987年教育部批准成立的中山大学人类学博物馆的前身。

岭南大学博物馆（文物馆）是广东省最早建立的正规博物馆，也是全国较早创办的博物馆之一。1936年出版的《中国博物馆一览》将岭南大学文物馆藏品分为人类方物部（风土物品、工艺品）、古物美术部、自然博物部三类；1952年冼玉清手书的《岭南大学文物藏品册》分为古物部（包括砖瓦石器、铜铁器、陶瓷器、古乐杂器、书画碑帖拓片照片五类）和民族部（兄弟民族器物类、各国风土类），另有家私数件单独罗列，总计藏品800余件。

国立中山大学在建校初期即重视文物的搜集研究，语言历史学研究所内设有民俗风物陈列室和古物陈列室，遗憾的是这批藏品在日寇侵华的战火中基本散佚。所幸藏品虽散而精神未失，在辗转迁校的艰辛跋涉中，新的馆藏开始生发，其中即包括图录中的几件国立中山大学研究院时期的教学布挂画，这些新馆藏最终汇聚至中山大学文物馆。

1952年国立中山大学与岭南大学合并，原岭南大学文物馆馆长冼玉清作为中山大学文物馆工作组召集人，将岭南大学文物馆的藏品清点移交至中山大学文物馆。其后成立的中山大学文物保管委员会以容庚为主任委员，梁钊韬为副主任委员，委员包括王越、金应照、刘节、商承祚、何多源、陈则光、谭彼岸、陈锡祺、胡肇椿、张维持等。至1956年，中山大学文物馆已设有中山先生纪念室、鲁迅先生纪念室及古物陈列室，拟开设少数民族品陈列室。其时名家荟萃，业界同行交流活跃，馆藏文物大为丰富，不失为一时之盛。

见证了十数载的风云际会，中山大学文物馆渐次陷于沉寂。1987年中山大学人类学博物馆成立，除去中山先生纪念室及鲁迅先生纪念室的一应文物，中山大学文物馆收藏的历史文物、民族文物以及模型、照片等资料标本，均移交人类学博物馆。人类学博物馆下设保管部、陈列部及港澳考古研究中心，设有原始社会、奴隶社会、封建社会及少数民族等陈列室，布置有“中国文明的历程”基本陈列，商志䭨、张镇洪历任馆长。

2000年以后，为配合马丁堂修缮工程，人类学博物馆暂时闭馆。由于馆舍条件不充足，2010年后仅部分恢复教学、展览功能。为筹备全面复馆，2014年经广东省文物局批准备案，由广东省文物鉴定站组织专家开展了馆藏文物的定级工作。2015—2016年，应国家文物局和广东省文物局要求，人类学博物馆负责牵头开展了中山大学片区第一次全国可移动文物普查工作。

近年来，我们根据馆藏档案，初步厘清了岭南大学文物馆、中山大学文物馆、中山大学人类学博物馆藏品的继承关系，并更加深刻地认识到高校博物馆作为人文学科的学术平台尤其是教学载体的重要功能（1955年批准施行的《中山大学文物保管委员会组织条例》规定：“三、本委员会主要任务如下：1.决定文物馆发展方向和配合教学计划工作……”；中山大学文物馆《收文簿》第97号文记有“上海博物馆送我校铜器167件作直观教材用”并附清单）。

人类学博物馆的藏品数量、类别在全国高校博物馆中均较突出，但是业界、学界、师生了解不多，研究更少。人类学博物馆还将陆续编辑出版“石湾陶瓷”“黎族服饰”等专题图录，这不仅是为了拭去蒙尘，展现藏品的光芒；也是为了唤醒久违的记忆，更是对历史文化的传承。

郑君雷

（中山大学人类学博物馆馆长）

目录

上编 图版

第一章 神人以和 …… 003

第二章 宜室宜家 …… 037

第三章 鉴清今古 …… 057

第四章 炉引紫烟 …… 099

第五章 有币有器 …… 125

第六章 载道于艺 …… 139

下编 研究论文及资料汇编

中山大学图书馆藏北齐卢舍那法界人中像及相关问题 姚崇新 刘青莉 …… 160

中山大学图书馆藏北齐阴子岳造像碑初步研究 文安琪 …… 193

马丁堂展藏意大利石雕赏析 李宁利 靳静山 …… 204

《岭南大学校报》所载1920—1930年人类学博物馆轶事 李宁利 整理 …… 210

上编

图版

第一章 神人以和

商 刻龙纹骨雕

中山大学文物馆旧藏。该骨雕件为残件，残长9.6厘米，残宽3.2厘米。骨质，长期埋于泥土中，受沁呈骨白色。骨雕为双面雕，正面残存主图案（中间）为侧面兽脸纹。兽脸粗眉，臣字眼，鼻向上翻卷，张口露齿。边饰为长回纹，骨雕下方为以回纹组成的虺纹。该骨雕以粗、细两种阴刻线表示兽脸，回纹则以阳纹表示。粗、细、阴、阳纹饰相互搭配得恰到好处，充分体现了古代骨雕的古拙艺术。

商　刻骨卜辞

中山大学文物馆旧藏。该刻骨卜辞为残件，残长2.2厘米，残宽1.8厘米。骨质，长期埋于泥土中，受沁呈骨白色。该刻骨卜辞残存文字共五个，其中三个完整，两个残缺。卜辞经辨别为我国早期已成熟的甲骨文字。

商　刻骨卜辞

中山大学文物馆旧藏。该刻骨卜辞为残件，残长3.1厘米，残宽1.6厘米。骨质，长期埋于泥土中，受沁呈骨白色。该刻骨卜辞残存文字共五个，其中三个横向排列，两个纵向排列。卜辞经辨别为我国早期已成熟的甲骨文字。

商　刻骨卜辞

中山大学文物馆旧藏。该刻骨卜辞为残件，残长2.9厘米，残宽1.8厘米。骨质，长期埋于泥土中，受沁呈骨白色。该刻骨卜辞残存文字纵列两行，共六个文字，其中三个完整，三个残缺。卜辞经辨别为我国早期已成熟的甲骨文字。

商　刻骨卜辞

中山大学文物馆旧藏。1962年经胡厚宣先生鉴定。该刻骨卜辞为残件，残长7.3厘米，残宽1.8厘米。骨质，长期埋于泥土中，受沁呈骨白色。该刻骨卜辞残存文字按占卜需要排列，纵向三行，共十二个文字，十个完整，两个残缺。卜辞经辨别为我国早期已成熟的甲骨文字。

商　刻骨卜辞

广西壮族自治区博物馆1974年8月赠送。该刻骨卜辞为残件，残长6.4厘米，残宽4.5厘米。骨质，长期埋于泥土中，受沁呈骨白色。该刻骨卜辞残存文字按占卜需要排列，纵向三行，共四个文字，文字完整。卜辞经辨别为我国早期已成熟的甲骨文字。

商　象鼻龙纹提梁卣

中山大学校长办公室购入，1955年移交至中山大学文物馆。高27.3厘米，口径9.7厘米。体形修长。方唇，直口，葫芦形深腹，高圈足。颈部两侧有双环耳，耳中套接提梁。颈部、圈足及提梁处饰龙纹。通体呈红褐色。提梁与环耳套接处缺一小柱，腹底部开裂，后经修补。

商　青铜器残件

1959年9月30日上海博物馆赠送。残高5.1厘米。尊彝底座残件，有铭文“尹自作父辛宝尊彝”。

商　鱼形玉佩

国立中山大学旧藏。长6厘米，宽1.7厘米。青玉质，受沁呈黄褐、白斑。鱼身扁薄成片状。鱼唇上翘，尾分叉展开，尾端呈刃状。以减地手法碾琢鱼眼、分水；以阴刻线表现脊鳍、腮。在鱼嘴处以双面钻对钻一圆孔，用作悬佩。在鱼腮及鱼肚处有两个单面钻的圆孔，孔径较大。从两个单面钻圆孔的位置及鱼腮阴刻线分析，该鱼形玉佩应是由双孔玉刀或其他玉件改制而成。

战国　玉玦

1980年由广西壮族自治区博物馆赠送。1974年，由广西壮族自治区文物工作队和桂林地区多县文化馆的文物工作者组成的考古发掘队，对平乐县银山岭的一批墓葬进行发掘清理，共清理110座战国墓。该玉玦出土于银山岭92号战国竖穴土坑墓。玦外直径3.4厘米。青玉质，受沁呈黄、白斑。两面平素，玦内孔呈正圈，玦口呈长梯形状，外玦口宽于内玦口。廓外缘饰四个对称花牙角饰。

战国　玉玦

1980年由广西壮族自治区博物馆赠送。1974年，由广西壮族自治区文物工作队和桂林地区多县文化馆的文物工作者组成的考古发掘队，对平乐县银山岭的一批墓葬进行发掘清理，共清理110座战国墓。该玉玦出土于银山岭92号战国竖穴土坑墓。玦外直径1.6厘米。青玉质，受沁呈黄、白斑。两面平素，玦内孔呈正圈，玦口呈长梯形状，外玦口宽于内玦口。廓外缘呈圆形，可见打磨痕。

西汉　铜鼎

岭南大学文物馆旧藏。高15.7厘米，口径14.9厘米。带盖，盖呈覆钵形，上有三环钮，钮顶呈乳钉状，盖面刻画“杜共第九十八鼎盖重二斤八两名曰九十八、杜宜共、百廿八”等铭文（后代仿刻）。鼎身弇口，子母唇，鼓腹，圜底，三蹄足，足微外撇，器口两侧附方形双立耳，腹部饰一周凸弦纹。

西汉　铜盖壶

岭南大学文物馆旧藏。通高15.3厘米，口径6.5厘米，底径7.5厘米。有盖，盖微隆，正中有一环钮，钮内套一开口圆环，盖上饰对旋蟠龙纹一组。铜壶侈口，方唇，束颈，鼓腹，圈足外撇，上腹部有两个对称的铺首衔环耳，颈部饰凹弦纹一周。

明成化廿二年（1486） 增城文庙供爵

岭南大学文物馆旧藏。通高17.5厘米，通长18.9厘米，两柱间宽6.5厘米。成对保存。椭圆形双流口，口与流之间下凹处出伞形柱一对，铸“知增城县事提调官钟纲造督工训导白诚成化丙午岁置”4列23字铭文。兽手錾，三棱锥足，足尖外撇，圜腹圜底，腹部饰锦地纹。

明万历七年（1579） 铜爵

中山大学文物馆旧藏。通高12.8厘米，两柱间宽5.6厘米。椭圆形双流口，口与流之间下凹处出伞形柱一对，铸“万历己卯年东安县儒文子置”，兽首鋬，三棱锥足，足尖外撇，圆腹，腹部饰雷纹。足部有残损。

明　金漆木雕佛坐像

国立中山大学旧藏。通高10.5厘米，通宽7.8厘米。该佛坐像为明代樟木圆雕金漆释伽牟尼像。该坐像头上饰螺发，方圆脸，双目微闭，鼻直大，口闭合，双耳大而肥，下垂至腮。坐像肩宽且平厚，身穿通肩大衣，高束腰长裙。跏趺坐姿，双手结禅定印置于腹前。该像采用先木雕后髹漆，再施金漆的工艺手法，使佛像更显富丽堂皇而不失沉穆含蓄。所憾金漆脱落，螺发及底小残。

明　泥压漆金“擦擦”菩萨坐像

国立中山大学旧藏。通高11.5厘米，通宽7.5厘米，通厚5.5厘米。“擦擦”一词源于古印度方言，是藏语对梵语的音译，为“复制”之意，指一种模制的泥佛或泥塔。该泥压漆金“擦擦”为藏传佛教的菩萨坐像，采用先泥压成型，再髹漆及上金漆的工艺手法。菩萨像采用大背光形式。中间菩萨头戴五花冠，方圆脸，双目半闭下望，鼻大，合口，双耳肥大下垂及肩，裸上身，胸挂缨络，下身穿长裤。菩萨像结跏趺坐于莲台上，双手合十于胸前作礼敬印。莲台作仰莲及覆莲二层高台。背光分内外两区，内区菩萨头板上有三个圆圈，圈内藏文各一文字（应是该菩萨法号），文字下左右分别是花卉及动物。外区是一圈火焰纹。背光同样竖立于莲台上。

明　铁释迦牟尼佛像

国立中山大学旧藏。通高24厘米。肉髻螺发，身着袒右肩式袈裟，右肩搭袈裟边角，左手结禅定印，右手施降魔印，结跏趺坐。佛像体态丰腴，脸形圆润，长弯眉下垂，眼睑开缝窄短，鼻翼稍张，短人中，樱桃小口，慈眉善目，略带笑意，颈部刻画粗略，衣纹简洁优美，具有典型的汉传佛教造像特征。正背相接处有铸造范线，背部有方形开孔并铸有铭文。锈蚀严重，底座残损。

明　铜释迦牟尼佛像

1959年9月上海博物馆赠送。高35.5厘米。佛像面相端庄，螺发，高髻顶珠，着袒右肩式袈裟，周身衣褶流畅，左手结禅定印，右手施降魔印，双足结跏趺坐。

明　铜鎏金道教人物像

1959年上海博物馆赠送。高20.9厘米。人物造像面相严肃，头戴幞头，软脚垂肩，长须下垂，身着长袍腰带，手持法器，脚踩长靴，右脚立于须弥座上，左脚抬起。身前立有一葫芦形法器。方形座残。

16世纪　铜佛坐像

1959年9月上海博物馆赠送。通高24.1厘米。螺发，高髻顶珠，面相慈祥，双耳垂肩，着袒右肩式袈裟，双足结跏趺坐于莲座之上，双手屈肘于胸前结转法轮印（又名“说法印”）。

清　泥压漆金“擦擦”菩萨坐像

国立中山大学旧藏。通高12.7厘米，通宽7.5厘米，通厚4厘米。该泥压漆金“擦擦”菩萨坐像为藏传佛教造像，采用先泥压成型，再髹漆及上金漆的工艺手法。菩萨头戴五花冠，脸呈椭圆形，双目微闭，鼻高直，小口闭合，双耳长至腮。穿长衣，着低束腰长裙，袒胸佩戴缨络，双臂戴钏环。菩萨像结跏趺坐，双手作禅定印，掌心托甘露瓶，端坐于莲台上，莲台作仰莲及覆莲两层高台。背光外形作莲瓣状，分两区：内区为连珠纹，外区一圈为花卉纹。背光立于莲台上，后有梵文经咒。

清初　铜鎏金释迦牟尼佛

1959年9月上海博物馆赠送。高27.5厘米。螺发，高髻顶珠，双耳垂肩，身着袒右肩式袈裟，左手施禅定印，右手置于右膝施降魔印，赤脚结跏趺坐于束腰莲座上。佛像表面鎏金剥落严重。

清　缅甸制铜鎏金释迦牟尼佛

国立中山大学旧藏。通高42厘米，座长23.7厘米，宽15.2厘米。南传佛教造像。螺发，肉髻，顶饰火焰珠。身披袒右肩式袈裟，左手施禅定印，右手施降魔印，结半跏趺坐于仰莲座上。佛像脸型较长，下眼睑突出，鼻翼宽，嘴较大，唇较厚，出水式衣纹贴身，地域特色明显。

清　铜鎏金游戏坐观音像

1959年9月上海博物馆赠送。通高12.7厘米。造像左手置于身后悬空，右手置于膝上，双手结说法印，游戏坐姿。游戏寓意“游戏自在，无滞无碍，随缘应化，救护众生”。造像发髻高挽，发丝细密，颈饰项链，耳珰钏环具足，衣纹独特。

清　德化窑白釉观音

国立中山大学旧藏。通高21厘米。通体白釉，釉色匀净，釉质温润柔和。造像上身稍向前倾，右手手心向下置于右膝上，左手置于身侧，身着羊肠裙，赤足舒坐，头梳螺髻，佩簪发中，双目低垂，珠串饰胸，神态肃穆安详。造像背面印楷书“□□□□”（字迹模糊不可辨）款。福建德化窑烧造。

清　石湾窑哥釉弥勒佛

岭南大学文物馆旧藏。1952年10月24日移交至中山大学文物馆。通高16.1厘米。佛像笑口舒坐，袒胸露腹赤足，左手执衣袍置于左膝盖上，右手按地，衣袍遮手。衣着施哥釉，釉开细片；眉须点白釉，露胎处呈肉红色，形象逼真。底中空。大肚笑口，神态惟妙惟肖，正所谓“大肚能容，容天下难容之事；开口便笑，笑天下可笑之人”。广东石湾窑烧造。

清乾隆二年（1737） 铜爵

中山大学文物馆旧藏。通高16厘米，长16.7厘米。椭圆形双流口，口与流之间的下凹处出伞形柱一对，两柱间宽5.7厘米，铸“乾隆三年仲冬吉旦制”铭文。兽手鋬，三棱锥足，足尖外撇，深圆腹，腹部外壁饰雷纹。制作年代、供奉人明确。

清 铜笛

岭南大学文物馆旧藏。长52.2厘米，直径1.9厘米。该铜笛为范铸而成，细长且直，呈圆管状，为清代乐器与短兵器的结合。由于打磨及长时间的使用，表面已不见铸范痕；但内窥笛孔，可见铸造时所留下的痕迹。铜笛正面有两个圆吹孔、一个圆膜孔、七个略椭圆的按音孔，吹孔、膜孔、按音孔呈直线排列；尾端下方有两穿孔，用作穿缀装饰物。吹奏的笛子，一般用竹或木制作，用金属、玉石等材料制作的笛子，声音高犷激昂，且用金属制作的笛子在武术界亦可作“点穴”的短兵器。

宋　冷水冲型铜鼓（未鉴定，年代不明确）

中山大学文物馆旧藏。残高25.3厘米，面径48.4厘米。该鼓为冷水冲型铜鼓。鼓面饰立体蟹、蛙，耳、鼓身采用分铸法铸造成型。先铸蟹、蛙饰与四耳，在铸鼓身时将蟹、蛙饰置于鼓面上，四耳置于鼓腰位置的范上。耳连接于鼓胸与鼓足之间。鼓面、鼓身采用五范合铸，在鼓面边沿、鼓身处可见范痕，鼓腔内可见分铸痕。鼓面以一弦分晕，共十晕：一晕中心纹饰因长时间的拷击被磨光，不可辨，二晕为栉纹，三晕为复线交叉纹，四、六、八、九晕为同心圆纹，五晕为变形羽人纹，七晕为鸟纹和变形翔鹭纹，十晕为变形翔鹭和定胜纹（主纹）。鼓面边沿立一蟹三蛙，蟹向鼓心，以示鼓的前后方位；蛙逆时针环列。扁耳两对，每耳中间上下各有一条长孔，边饰羽纹。足端残。

明清（未经鉴定） 麻江型铜鼓

国立中山大学旧藏。高25.8厘米，面径46厘米。该鼓为麻江型铜鼓。耳、鼓身采用分铸法铸造成型。先铸四耳，在铸鼓身时将四耳置于鼓腰位置的范上。耳连接于鼓胸与鼓足之间。鼓面、鼓身采用五范合铸，在鼓面边沿、鼓身处可见范痕，鼓腔内可见分铸痕。该鼓面采用以太阳为中心的一弦分晕纹饰作装饰，太阳十二芒穿至三晕。从太阳纹向外分别铸［I］纹、“S”形勾头纹、乳钉纹、游旗纹、素晕、栉纹、乳钉纹、兽形云纹。胸有乳钉纹、雷纹、如意云纹、栉纹。腰上部饰凸棱一道，下为雷纹、云纹。足为复线角形纹。扁耳两对，每耳饰绳纹。耳、鼓身有不规则残孔。

明清（未经鉴定） 麻江型铜鼓

中山大学文物馆旧藏。高29.8厘米，面径44.6厘米。该鼓为麻江型铜鼓。耳、鼓身采用分铸法铸造成型。先铸四耳，在铸鼓身时将四耳置于鼓胸、腰位置的范上。耳连接于鼓胸与鼓腰之间。鼓面、鼓身采用五范合铸，在鼓面边沿、鼓身处可见范痕，鼓腔内可见分铸痕。该鼓面采用一弦分晕手法作装饰，共十一晕，除中心太阳纹外，其余各晕纹饰皆被磨光。鼓身自胸至足共饰十三道内凹弦纹。在鼓耳下腰中部凸起一凸棱，使鼓腰有一个起伏感，这凸棱亦是该鼓上下的分割线。扁耳两对，耳饰四道凸起的绳纹作装饰。鼓面与鼓胸外，部分有旧残旧修痕迹。

明清（未经鉴定）　　麻江型铜鼓

中山大学文物馆旧藏，陈竺同先生捐赠。高27.6厘米，面径47.8厘米。该鼓为麻江型铜鼓。耳、鼓身采用分铸法铸造成型。先铸四耳，在铸鼓身时将四耳置于鼓腰位置的范上。耳连接于鼓胸与鼓足之间。鼓面、鼓身采用五范合铸，在鼓面边沿、鼓身处可见范痕，鼓腔内可见分铸痕。该鼓面采用以十二芒太阳纹为中心的一弦分晕纹饰做装饰，共十晕。从太阳纹向外依次为雷纹、乳钉纹、素晕、栉纹、素晕、“S”形勾头纹、乳钉纹、绹纹、素晕。另有四个厌胜钱纹跨压六晕至十晕，以示东、南、西、北四个方向，上饰如意云纹、十二生肖纹。胸有乳钉纹、缠枝纹、雷纹、花枝纹、栉纹。腰上部凸棱一道，下为素纹、栉纹、缠枝纹、雷纹。足部为复线角形纹。胸部的两耳之间有两条竖立的鱼纹。扁耳两对，每耳上中下部各穿一圆孔，边饰不可辨，可能是羽纹。

第二章

宜室宜家

东汉 “富贵昌宜侯王”铭青铜盆

国立中山大学旧藏。高17厘米，口径35.5厘米，底径16.7厘米。敞口，折沿，圆方唇，鼓腹，平底。腹部两侧有一对对称的兽面铺首，兽鼻下有系孔。内底中央有长条加框铭文“富贵昌宜侯王”，铭文两侧饰鱼纹和鸟纹，均系阳文。

东汉　舟形铜灯

中山大学文物馆旧藏。长13.8厘米，高10.2厘米。整体呈小舟形，椭方形腹，矮圈足，腹两侧饰小型方钮。盖中央置突出的转钮，一侧饰小型方钮，便于折叠提起。

金　红绿彩芦鸭纹（春江水暖图）小陶碗

岭南大学文物馆旧藏。高3.7厘米，口径13.7厘米，底径6厘米。倒斗笠形，唇口、玉环底属晚唐遗风。胎体先上化妆土，后罩透明釉。内口沿饰两道红彩弦纹；近口沿弦纹较细，断断续续；近碗心弦纹较粗，连续未断。碗内心彩绘一只鸭，先红彩勾勒鸭形轮廓，再用绿彩填染空白处。鸭身周绘有春花、水草、落叶，身上书写有一个大大的“先”字，显为表达“春江水暖鸭先知”之意。绘图潇洒简练，内容活泼有趣。河北磁州窑烧造。

明　铜鸭熏

岭南大学文物馆旧藏。通高19厘米。铜质，呈红褐色，通体作鸭形。以鸭身中部为界，分为可拆卸且能严密扣合的上下两部分，腿掌部亦可拆卸。鸭引颈斜身，丰腹敛翅，鸭腹中空以燃香，鸭口微张以出烟，股有五孔。

明　铜鸭熏

岭南大学文物馆旧藏。通高8.4厘米，通长16.8厘米。通体作卧鸭状，头颈伏身，鸭头有对称两孔，右翼可开合，左翼有三孔。鸭熏整体呈红褐色。

明　铜狮耳方瓶

1959年9月3日上海博物馆赠送。高18.7厘米，口径4.4厘米×3.8厘米，底径4.9厘米×4.5厘米。铜质，褐色，方形侈口，方唇，方腹略鼓，腹下渐收，方圈足，瓶身两侧有一对对称的狮耳。

明　铜蒜头瓶

陈竺同教授捐赠，1958年5月20日入馆。高19.5厘米，口径2厘米，底径6厘米。蒜头瓣形口，细长颈，削肩，扁鼓腹，高圈足外撇。瓶颈有出戟，中下部饰一道圆箍。

明　石湾窑翠毛蓝釉梅瓶

岭南大学文物馆旧藏。高22.2厘米。小口，短颈，丰肩，束胫，圈足，造型古朴厚重。通体施翠毛蓝釉，釉色艳丽，色阶丰富，蓝从浅至深、从淡到浓，可分九色，其中翠蓝最为夺目。釉面动感强烈，如同孕育生命般曜变。广东石湾窑烧造。

明 “正德”铭包袱形挂瓶

国立中山大学旧藏。高19厘米，宽10.7厘米，底径7.3厘米。荷叶形口，云头形三足，颈饰凸雕的束带，瓶身一面平整，近口部有挂扣，一面凹凸有致呈藕实状，铭有篆书“正德”二字。造型独特，是时代较早的包袱瓶类文物。

明万历三十年（1602） 灵井寺僧慧纯制铜牌

国立中山大学旧藏。长22厘米，宽14.5厘米，厚0.4厘米。长方形，顶部两侧有铸孔，可系挂。一面边仿木框，底部为海波纹，上部或曾有黏合物，一面刻有铭文。铭文曰："皇明圣御 圣牌赐信礼僧尼 颁行天下 尊教而依大法者 皇王万岁万岁 师长授戒僧尼 太子千秋千秋 父母生身慧纯顶礼 关津渡口 上报十重大恩者 不许阻挡 圣教法究竟信穷 万历三十年八月吉日造灵井寺僧人慧纯 金火匠人杨奉科"。

清　“乾隆年制”款铜水盂

中山大学文物馆旧藏。1977年由中山大学历史系办公室移交。高9.3厘米，口径7厘米，底径5.7厘米。直口微侈，圆唇，鼓腹。上腹部浮雕“万寿无疆”，四字间以四个兽首钮。平底，底款“乾隆年制”。通体呈红褐色。

清　“嘉庆年制”款粉彩“滕阁高风”图花口碗

岭南大学文物馆旧藏。高7厘米，口径18.6厘米，底径7.8厘米。胎质洁白细腻，胎体轻薄，造型清秀，花口，口沿描金。外壁诗、画对半，白底粉彩，描绘江西十景之“腾阁高风”，对面墨书篆书应景诗文，集诗书画印于一体。器里、外底施绿松石釉，釉色匀净；外底红彩篆书“嘉庆年制”款，应为江西景德镇窑烧造。

清　“嶰竹主人造”款粉彩花卉纹碗(一对)

岭南大学文物馆旧藏。高7.5厘米，口径17.8厘米，底径9.4厘米。造型典型，胎质洁白细腻，釉色肥润。外表粉彩折枝花卉纹，红花绿叶；另有红彩蝙蝠纹，寓意“洪福”。器外底有红色篆书“嶰竹主人造”款。道光皇帝在圆明园内修建嶰竹居，自号“嶰竹主人”，此对“嶰竹主人造”款粉彩碗当为道光皇帝御用瓷。江西景德镇官窑烧造。

清　石湾窑里外石榴红釉底宝石蓝釉盘

岭南大学文物馆旧藏。高4.1厘米，口径16厘米，底径7.7厘米。敞口，圈足，腹部内壁光滑，外壁有三道折棱，似阶梯状。盘外底施蓝釉，越近中心蓝色越深，中心处呈宝石蓝色彩，翠艳欲滴。除外底，盘内外施石榴红釉，釉色鲜红艳丽。广东石湾窑烧造。

清　青花淡描双勾缠枝莲纹盖盒（带盖）

国立中山大学旧藏。通高10.6厘米，盒身宽21.2厘米，盒盖腰宽21厘米。盒身拟四出花瓣形，原配盒盖上有寿桃为钮。盒身和盖面均饰青花淡描双勾缠枝莲纹，纹样精细工整。盒内分五格，中心为圆形，四角似扇形；中心格内饰青花蟠桃纹，四角格饰青花蝙蝠纹，合为四蝠捧寿图，寓福寿双全之意。胎质洁白细腻，釉色肥润，青花呈色淡雅，底书青花“嘉庆年制”篆款。江西景德镇窑烧造。

清　豆青釉铁锈花回纹箍竹形花盆

国立中山大学旧藏。高14.6厘米，口径21厘米，底径13.6厘米。花盆敞口，平沿，斜直壁，折胫，圈足，底心有一漏水孔。器壁似箍竹成桶形，如根根竹节围合加箍而成，造型别致，构思新颖。通体施豆青釉，釉色匀净，中腹部饰印一指宽条带，条带上加印连体回纹，再满施铁锈花釉，条带似箍竹铁箍，生动惟妙。江西景德镇窑烧造。

清　石湾窑五彩香架

岭南大学文物馆旧藏。高50.7厘米，最宽34厘米。香架为方形面板上加三角形顶，顶面朝正面倾斜，方面板外贴两条曲柄搁架。正面通体装饰多层次印花、贴花，印有花蝶纹、卷草纹、锦格纹，有蓝、绿、赭、白、黄等多彩，装饰繁华艳丽。背面为素胎，无釉无纹，方板颈部有两个穿透圆孔，用于挂墙。因胎体厚实，背面通体扎有小孔，便于透热排气。广东石湾窑烧造。

清　石湾窑蛙石摆件

岭南大学文物馆旧藏。通高23.7厘米。蛙石的青蛙背部呈棕黄色，其余部位呈灰绿色，山石釉色斑驳，纹理自然，蛙石整体仿生釉色逼真。青蛙眼、口、鼻、腿、足部位比例准确，昂首欲跃，形象生动。蛙石摆件体现了清代石湾窑高超的釉彩工艺和制陶者取材于自然的审美意趣。

第三章 鉴清今古

战国　四山纹铜镜

中山大学文物馆旧藏，1959年购入。直径12.9厘米。圆形，三弦钮，双线凸形方格钮座，卷缘。主纹为右旋四山纹，“山”字底边与方形钮座平行，钮座四角伸出的“X”形排列花瓣，将四个“山”字间隔开来。山字左侧点缀花瓣。地纹为细密的羽状纹。

战国　蟠龙纹铜镜

1980年1月21日湖南省博物馆赠送。1955年湖南长沙侯家塘3号墓出土。直径11.5厘米。圆形，三弦钮，圆钮座，外缘素卷。中区以钮座为中心，饰弦纹四周，内侧三条弦纹间以平行斜线纹为地纹。外侧两条弦纹间以饰盘曲的三组龙纹为主纹，龙身缠绕如枝蔓，以细密的云纹为地纹。

西汉　蟠螭纹铜镜

岭南大学文物馆旧藏。直径7.7厘米，边厚0.2厘米。圆形，三弦钮，圆座，宽缘微凹。中区主题纹饰区分内外两区，内区为四对相互缠绕、整齐排列的蟠螭纹，以错落有致的平行短直线纹为地纹；外区为一周内向连弧纹。

西汉　蟠螭纹铜镜

中山大学文物馆旧藏，1955年购入。直径11.7厘米。圆形，三弦钮，素卷缘。钮座外为涡纹圈带，涡纹之外区域以短斜线圈带为界分内外两区，内区为十一字铭文带“脩相思，慎毋相忘，长乐未央”；外区以云雷纹为地纹，以蟠螭纹为主纹。蟠螭纹外饰短斜线圈带一周。镜身有裂，经黏补。

西汉　蟠螭纹铜镜

中山大学文物馆旧藏，1956年购入。直径15.8厘米。圆形，三弦钮，蟠螭纹钮座，素卷缘。钮座外有两组双弦纹，两组双弦纹间为11字铭文带“大乐贵富，千秋万岁，宜酒食”，最后一字实为鱼形图案。中区以蟠螭纹为主纹，中区及外区之间隔以双弦纹。

西汉　四乳四虺镜

岭南大学文物馆旧藏。直径10.3厘米，边厚0.3厘米。圆形，圆钮座，宽平缘。圆钮座外有四组垂直排列的三条平行直线纹，每组直线纹中间有一弧线纹。中区主纹为双钩四乳四虺八鸟，以四个带座乳钉为基点，划分成四个分区，四分区内各有一组只见勾形躯体的虺纹，四虺身躯内外侧各有一鸟纹。主纹内外侧各绕短斜线圈带一周。值得注意的是，此种勾形躯体常加四灵头部，变成“苍龙、白虎、朱雀、玄武”。（参见湖南省博物馆编《湖南出土铜镜图录》，文物出版社1960年版，图版第57；上海博物馆编《练形神冶井莹质良工》，上海书画出版社2005年版，图版第38）。

西汉　四乳四虺纹镜

1959年上海博物馆赠送。直径10.2厘米。圆形，圆钮座，宽平缘。中区主纹是躯体为勾形的四虺，四个带座乳钉将四虺分隔开，四虺身躯内外侧各有一鸟纹，部分已模糊不清。主纹内外侧各绕短斜线圈带一周。

西汉　四乳四灵镜

岭南大学文物馆旧藏。直径13.3厘米，边厚0.6厘米。圆形，圆钮，柿蒂纹钮座，外围双线曲波纹圈，宽平缘。中区主纹按四乳四分法排列，作青龙、白虎、朱雀、玄武四神兽纹，四神兽纹内外各绕短斜线圈带一周。

西汉　昭明镜

岭南大学文物馆旧藏。直径10.8厘米，边厚0.5厘米。圆形，圆钮，重圈座，宽平缘，座外饰内向八出连弧纹，中区为20字铭文带“内清以昭明，光夫象日月”，每两字间，间以“而”字，铭文区内外各绕短斜线圈带一周。

西汉　昭明镜

1959年9月上海博物馆赠送。直径10.2厘米。圆形，圆钮，素平缘。座外饰内向十二出连弧纹，中区为十六字铭文带“内清以昭明光日月”，每两字间，间以“而”字，铭文区内外各绕短斜线圈带一周。

东汉　凤纹铜镜

岭南大学文物馆旧藏。直径8.5厘米，边厚0.5厘米。圆形，圆钮，圆形座，三角缘。中区饰团凤纹，凤身部分被压在纽下，凤昂首展翅，振羽挺尾，尾出四歧，凤身伸展似翩翩起舞。纹饰线条劲利流畅，外围饰一周短斜线圈带和锯齿纹，具有典型的鄂州镜特征。

东汉 蟠龙纹镜

岭南大学文物馆旧藏。直径9.2厘米，边厚0.5厘米。圆形，圆钮，三角缘。中区饰龙纹，似镇在钮下，姿态呈舞动状，外围饰一周短斜线圈带和锯齿纹。

东汉　龙纹镜

1959年上海博物馆赠送。直径10.3厘米。圆形，圆钮，圆钮座，三角缘。座外主纹饰为三龙，似从纽座下窜出，间饰成组短弧线云纹，主纹向外为弦纹、短斜线纹及锯齿纹圈带。

东汉　博局纹镜

岭南大学文物馆旧藏。直径12.9厘米，边厚0.4厘米。圆形，半球形圆钮，乳钉鸟纹钮座，鸟纹两两向前间一回顾。云纹平缘。中区博局纹划分四方八区，内由四组柿蒂乳钉纹及八组神兽纹组成，外围一周为短斜线圈带。

东汉 “位至三公”镜

岭南大学文物馆旧藏。直径9.1厘米，边厚0.2厘米。圆形，圆钮座，三角缘。中区“位至三公”四字铭文两两组合，将主纹区划分为两个分区，每个分区内饰三只交缠的变形动物，躯干填以“V”形几何纹。中区外围一周饰短斜线圈带。

唐　双狮鸳鸯纹菱花镜

岭南大学文物馆旧藏。直径9.9厘米，边厚0.3厘米。八出葵花形，圆钮，平缘。内切圆将纹饰分为两区，内区浮雕双狮纹与鸳鸯纹，双狮及鸳鸯相间排布，花枝缠绕，外区四组蝴蝶纹与四朵云纹相间环绕成圈。

唐　瑞兽葡萄镜

岭南大学文物馆旧藏。直径10.9厘米，边厚1.2厘米。镜体厚重，圆形，伏兽钮，无钮座，高窄缘。钮外浮雕瑞兽、禽鸟，间以繁密的葡萄枝叶蔓实，四兽作伏卧昂首状，葡萄枝叶过墙，突破内、外区分际，缘处饰浮雕“品”字形朵云纹一周。

唐晚期　“永寿”万字镜

岭南大学文物馆旧藏。边长12.2厘米，边厚0.2厘米。方形圆角，圆钮，无钮座，素缘。以钮为中心，饰一双线“卐”字纹，间饰铭文“永寿之□”。1956年河南陕县刘家渠5号唐墓出土的一块“永寿之镜”万字镜（参见《考古通讯》1957年第4期第17页）与此镜相似。镜身有裂。

五代　瑞兽葡萄镜

1959年上海博物馆赠送。直径6.3厘米。圆形，伏兽钮，无钮座，窄平缘。座外一周凸弦纹将内区主纹与外区间隔开来，主纹饰以瑞兽葡萄，造型生动，线条圆劲，但较粗简，外区光洁无饰。铜质冶炼较精，是唐镜工艺史传承的重要见证。

五代　“太平万岁”万字镜

岭南大学文物馆旧藏。直径12.2厘米，边厚0.3厘米。方形圆角，圆钮，无钮座，素缘。以钮为中心，饰一双线“卐”字纹，间饰右旋铭文“太平万岁”，但书法并无唐楷的严谨法度。

北宋　仿汉规矩镜

岭南大学文物馆旧藏。直径16.2厘米，边厚0.4厘米。圆形，圆钮，花蕾钮座，宽缘，缘饰十二生肖锯齿纹。座外围双线凹弧框方格，方格内有十二枚带座乳钉与十二地支铭相间排列围绕一周。大方格外博局纹将中区主纹饰划分为四方八极，内有八枚带座乳钉及各类鸟兽纹，博局纹外绕一周铭文。

北宋　牡丹纹“亚”字形镜

岭南大学文物馆旧藏。方阔11.7厘米。“亚”字形，小圆钮，宽平缘。中区牡丹纹大花大叶，宛转排列，颇有韵致。主纹外围饰双弦连珠纹圈带。

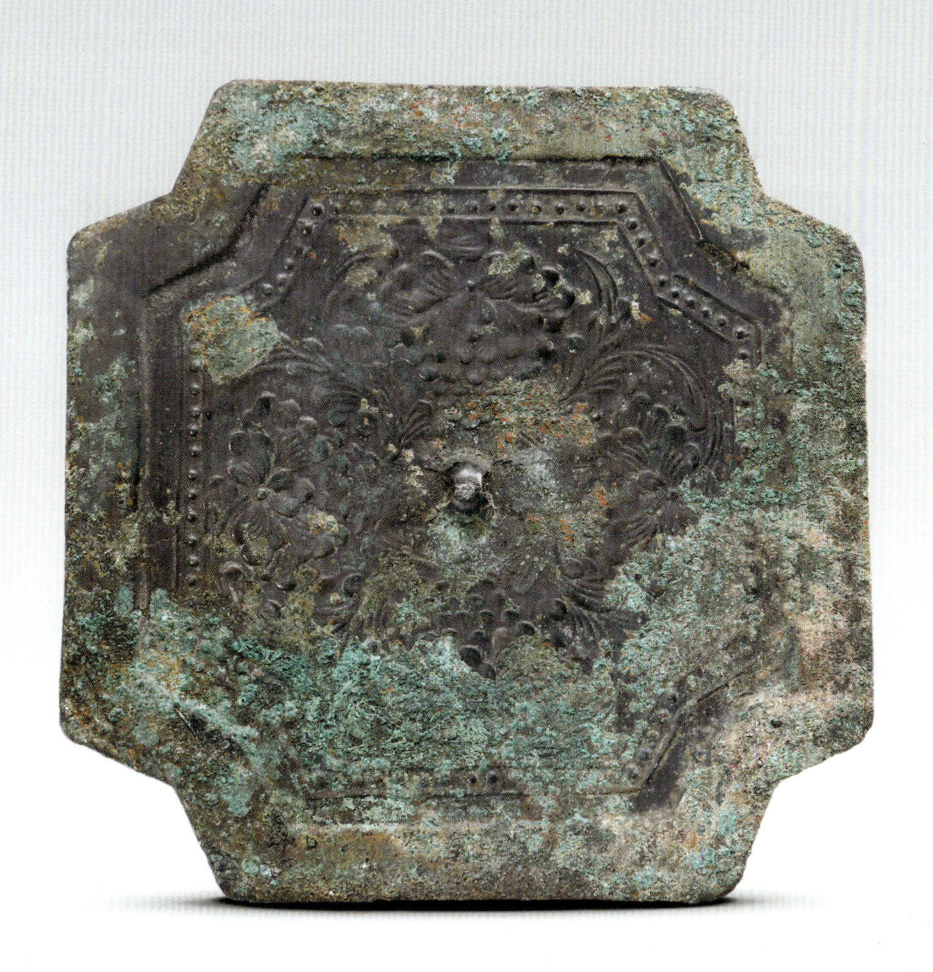

宋 “皎月波清”镜

1959年上海博物馆赠送。直径13.3厘米。圆形，圆钮，圆钮座，钮座外饰八组如意云纹，中区铸“河澄皎月波清晓雪”八字铭文，素缘无饰，时代特征明显，铸造工艺精湛。

宋　仿汉博局纹镜

1959年上海博物馆赠送。直径17厘米。圆形，半球形圆钮，四叶纹钮座，三角缘。座外双凸线四方格，方格内有十二枚带座乳钉与十二地支铭相间排列围绕一周。方格外博局纹将中区主纹饰划分为四方八极，内有八枚带座乳钉及蟠螭纹，博局纹向外依次为“尚方作竟真大巧上有山人不知老渴饮玉泉饥食”铭文圈带、短斜线纹圈带、锯齿纹圈带、双线曲波纹圈带及锯齿纹圈带，各纹饰带间以凸弦纹隔开。

宋　仿晋瑞兽镜

1959年9月上海博物馆赠送。直径10.2厘米。圆形，饼形钮，圆座，素凸缘。中区主纹饰为六只两两对首的瑞兽，均为高浮雕，丰腴柔健，两相交尾，尾端有一团兽毛卷起，形态活泼生动，立体感强烈。神兽纹向外为连珠纹圈带和锯齿纹圈带。

明　薛思溪造镜

1959年上海博物馆赠送。直径10.5厘米。圆形，圆钮，凸线圆钮座，平缘。内区主纹内外侧各绕短斜线圈带一周，主纹为七枚带座乳钉与六只凤鸟相间环绕，其中两枚乳钉间有竖直铭文“薛思溪造”。外区纹饰为绕一周双线曲波纹。此镜与湖城薛惠公造诗文铜镜或有历史传承关系。仿制工艺较精。

明（金？） 莲花双鲤纹镜

1959年上海博物馆赠送。直径10厘米。圆形，无钮，荷叶形钮座，宽缘内洼。中央内凹成池，饰荷池游鱼。主纹为两尾展鳍折身对游的鲤鱼，鱼身鳞纹、鱼鳍清晰可见，造型秀丽灵动。双鲤纹具有鲜明的女真文化特色。

明　双龙纹“寿”字钮镜

1959年上海博物馆赠送。直径12.3厘米。圆形，“寿”字钮，无钮座，窄平缘。钮外主纹区饰以浅浮雕双龙纹，龙身五爪，等级较高。

明　杂宝纹镜

1959年上海博物馆送。直径15厘米。圆形，元宝钮，无钮座，宽平缘。镜背主纹饰以人物及阙楼、仙鹤、祥云、宝瓶、和合、犀角、书板、方胜、元宝等杂宝纹。镜背纹饰可分为上、中、下三组，上组为阙楼及一对相向飞翔的仙鹤，间饰祥云、犀角；中组为四人物纹，间饰元宝；下组为两人物纹及宝瓶、和合、犀角、书板、方胜等杂宝纹，呈高浮雕式。画面反映了古代的祭祀礼仪场面，层次感较强。

明　仙人纹镜

1959年上海博物馆赠送。直径13.5厘米。圆形，元宝钮，无钮座，高镜缘。镜钮左右两侧各饰两组人物纹，左侧人物手捧贡品，右侧人物鼓乐吹笙。楼台、梅花、和合、犀角、元宝、仙鹤、仙鹿等花果瑞兽纹布满镜钮上下各方，呈高浮雕式，纹饰生动。纹饰整体反映了古代的礼仪活动场面。

明　“李”铭夔龙纹镜

1959年上海博物馆赠送。直径11.5厘米。圆形，圆钮，圆钮座，素平缘。四枚并蒂八联珠纹带座乳钉均匀分布，将主纹均分为四个分区，每个分区内各饰两组生动的夔龙纹，其中一分区两只夔龙纹间有一圆形，内有“李”字铭。体现出了明代精湛的仿制工艺。

明　“佛剑正邪”照妖镜

1959年上海博物馆赠送。直径5.4厘米。圆形，有柄，作阳燧镜样式。正面平整，书“佛剑正邪”铭，绘道教符咒。燧面内凹，无饰，手柄处有“神火□□”铭，应为大型神像手持法器。

明　仿汉三兽镜

1959年9月上海博物馆赠送。直径9.9厘米。圆形，圆钮，平缘。中区以三神兽为主纹，主纹向外依次为短斜线纹圈带、锯齿纹圈带及曲波纹圈带，各纹饰带间以凸弦纹隔开。

明　仿汉神兽镜

1959年9月上海博物馆赠送。直径8.7厘米。圆形，圆钮，圆钮座，窄高缘。中区以三神兽为主纹，三兽盘绕，其中两兽系五铢铜钱。主纹外绕两周凸弦纹，向外依次为短斜线纹圈带、锯齿纹圈带及曲波纹圈带，各圈带以凸弦纹隔开。

明　仿汉昭明镜

1959年9月上海博物馆赠送。直径10.6厘米。圆形，圆钮，圆钮座，宽平缘。座外饰十二出内向连弧纹，中区为二十字铭文带“内清以昭明，光象夫日月”，除“日月”二字外，其他每两字间以“而”字隔开，铭文右旋。铭文区内外各绕短斜线圈带一周。

明　仿汉四乳四螭纹镜

1959年9月上海博物馆赠送。直径10厘米，圆形，圆钮，圆钮座，宽平缘。中区主纹为躯体勾形的四虺，四个带座乳钉将四虺分隔开来，其中平行的两虺身躯内外侧各有三组鸟纹，另外平行的两虺身躯分别与“青”“王”二字融合，首尾处可见两组鸟纹。主纹内外侧以凸弦纹为界，各绕短斜线纹圈带一周。

明　仿汉连弧纹铭文镜

1959年上海博物馆赠送。直径16厘米。圆形，十二并蒂连珠纹钮座，宽平缘。中区以内向八出连弧纹为主纹。外区有三十四字铭文带“日有熹月有富乐毋有事宜酒食居而必安毋□患□□侍兮心志□乐□□兮固常□”，内外各绕短斜线圈带一周。

明　仿海马葡萄镜

1959年9月上海博物馆赠送。直径10厘米。圆形，伏兽钮，无钮座，窄高缘。主题纹饰被一周凸弦纹分为内外两区，内区伏兽钮配列海兽、葡萄藤蔓，四只海兽对称排布，或匍匐，或卧下，或跳跃，或嬉戏；外区为禽鸟草虫（蜻蜓、蝴蝶、雀鸟等）穿绕葡萄藤蔓花枝图案。主纹外饰云纹一周。

明　神仙故事纹镜

1958年陈竺同先生捐赠。直径7.2厘米。圆形，元宝钮，无钮座，平缘，缘内为八出菱花外向连弧纹一周。钮两侧的主纹为两个人物，表现出胡人的衣着特征，旁佐以祥云、和合、梅花、鼓板等杂宝纹。造型独特，工艺精湛。

清　湖城薛惠公造诗文铜镜

1958年陈竺同先生捐赠。边长8厘米。四方形，宽素缘。镜书欧体铭文五列二十二字：“既虚其中，亦方其外，一尘不染，万物皆备，湖城薛惠公造。”

第四章　炉引紫烟

明　“兰圃清玩”款雨雪金双龙耳簋式铜炉

岭南大学文物馆旧藏。高10.6厘米，口径14.4厘米，底径12.3厘米。口部微侈，弧沿，短颈微束，鼓腹圈足，圈足外撇。肩颈部附双龙耳，收于鼓腹处。外底正中有“兰圃清玩”篆书印款。通体呈红褐色。

明晚期　铺首衔环双耳桶式铜炉

岭南大学文物馆旧藏。高8.5厘米，口径10.6厘米，底径10厘米。直口，平沿，方圆唇，圆筒直腹，矩形扁足。器身两侧有两个铺首衔环耳，口唇、器身中部、底部外缘作三平行凸箍圈状。整体素面无饰，通体呈红褐色。

明末　“宣德年制”款蚰蜒耳铜炉

岭南大学文物馆旧藏。高6.5厘米，口径10.4厘米，底径8.8厘米。口部微侈，平沿，短颈微束，鼓腹下垂，圈足外撇，带座。双蚰蜒耳起自颈部，收于腹鼓处。外底中央铸有“宣德年制”四字阳文篆书款。整体素面无饰，通体呈红褐色。

明末　“宣德年制”款扁炉

岭南大学文物馆旧藏。高7.2厘米，口径13.6厘米。直口，方唇，折沿，短束颈作凹弦纹，扁鼓腹，圜底近平，三蹄足，带座。外底中央铸有“宣德年制”四字阳文篆书款。通体呈黄褐色。

清　龙纹款铺首双耳铜扁炉

岭南大学文物馆旧藏。高7.2厘米，口径13.6厘米。敛口，平沿，双兽耳，平底，三蹄足，带座。器身正中微鼓，并逐渐向口部及底部收拢，造型规整流畅。座底中心铸“大明宣德年制”六字阳文楷书款，外绕凸弦纹一周，弦纹外为龙纹圈带，外围乳钉纹一周。整体素面无饰，通体呈红褐色。

明　仿“大明宣德年制”款直身铜炉

岭南大学文物馆旧藏。高8.8厘米，口径16.8厘米，底径16.2厘米。直口微侈，平沿，圆筒直腹，平底，卷云纹足，带座。口沿下、器身中、底部上外壁处各饰凸箍一周，口沿处凸箍下铸有“大明宣德年制”六字阳文楷书款。整体素面无饰，通体呈红褐色。

清　洒金双耳鼎式铜炉

岭南大学文物馆旧藏。高14.3厘米，口径11.5厘米。直口，方唇，折沿，短颈微束，鼓腹下垂，沿部附方立耳，圜底近平，长柱足。器表可见洒金。整体素面无饰，通体呈红褐色。

清　涡纹鼎式小铜炉

岭南大学文物馆旧藏。通高11.5厘米，口径9.5厘米。口微敛，平沿，圆唇，深腹，沿上附双立耳，圜底近平，器身腹部向内渐收，出三柱足。上腹部处六个外凸涡纹等距环绕器身一周。通体呈红褐色。

清　饕餮纹扁罐式铜炉

岭南大学文物馆旧藏。高9.4厘米，口径13.6厘米，底径9.5厘米。平口外侈，短束颈，溜肩鼓腹下垂，圜底近平。肩腹部饰饕餮纹，通体呈红褐色。

清　仿宣德款凤眼耳铜炉

岭南大学文物馆旧藏。器身高10厘米，口径14.5厘米。器口微侈，平沿，短束颈，扁鼓腹，圜底近平，凤眼耳，钝锥足，带荷叶形底座。外底中央铸“大明宣德五年监督工部官臣吴邦佐造”四列十六字阳文楷体款。整体素面无饰，通体呈红褐色。

清　“谦庵制”款铜炉

岭南大学文物馆旧藏。高5.4厘米，口径10.5厘米，底径9.2厘米。侈口，平沿，短颈微束，扁鼓腹，云耳，圈足外撇。外底中央有三列八字篆体铭：“癸未秋九月谦庵制”。整体素面无饰，通体呈红褐色。

清　“宣”字款长方铜炉

岭南大学文物馆旧藏。高7.1厘米，口径8厘米×5.9厘米。方口，平沿，曲颈，斜肩，蚰耳，方形折腹，下承四棱足，底呈四棱锥状。底部中央有“宣”字铭。整体素面无饰，通体呈黄褐色。

清　“莞领”款梅花形铜香炉

国立中山大学旧藏。高11.7厘米，口径11.8厘米。整体呈直筒梅花形，分五层，最上层镂空，中心有“莞领”二字，四周文字为“春风第一枝”；第二层内置于第三层，镂空，有文字“XX先生作”；第三层与第一层以子母口相连；第四层呈花型片状，中心贴塑一扁条形横系，置于底层第五层内；底层外壁略凸，平底，下接四兽面足。

清　镂花长方形卧香盒

国立中山大学旧藏。长19厘米，宽4.7厘米，高3.2厘米。铜质，整体呈长方形。分盒身和盒盖两部分。盒身两侧有孔，盒盖镂空。盒内有两根圆形插香柱。通体呈土棕褐色。

清　双狮戏球纹圆几式铜炉座

国立中山大学旧藏。高22厘米，面径23厘米。整器呈圆几式，平顶，圆唇，直颈，鼓腹下收，三足。顶面中央镂空呈菱形，以斜线纹为地纹，主饰缠枝纹；外壁通体施方回纹作底纹，颈部饰饕餮纹，腹部施双狮戏球纹，足面饰圆钮。仿家具造型，较独特，纹饰丰富。

清　仿宣德款三足铜炉

岭南大学文物馆旧藏。高7.4厘米，口径10.6厘米。平口，束颈，扁鼓腹，三乳足。外底中央篆刻“宣德”款。

清　仿明“石叟”款铜炉

岭南大学文物馆旧藏。高10.7厘米，口径11.9厘米。直口，平沿，方唇，沿部附方立耳，直束颈，鼓腹，三蹄足。口沿、颈腹及足部有错银纹饰，腹部可见“大吉”，外底正中有“石叟”款。通体呈黑褐色。

清　仿“大明宣德年制”款夔凤纹方形香炉

国立中山大学旧藏。通高9.3厘米，正方形炉口，边长9厘米。整器呈方形，直腹，上腹部绕器身一周雕铸云雷纹地的夔凤纹，两侧对称贴塑一对兽面衔环耳，云纹足。器腹中空以燃香，器盖镂空铸造卷云纹和夔凤纹以出烟。底部有“大明宣德年制”款。

清　仿明“吴邦佐”款铜炉

岭南大学文物馆旧藏。器身高5.8厘米，口径13.5厘米。侈口，平沿，短颈微束，扁鼓腹，钝锥足，带荷叶形座。外底正中有4列16字楷体铭“大明宣德五年监督工部官臣吴邦佐造”。整体素面无饰，通体呈红褐色。

清　仿明竹节纹铜炉

岭南大学文物馆旧藏。高14.1厘米，口径14.7厘米。器物周身以竹为主题，口沿、双耳、足部均呈竹节状，扁腹微鼓，其上贴塑竹枝叶，其与竹节状三足相连，上下浑然一体。底部正中有“宣德年制”款。通体呈红褐色。

清　仿明“景泰年制”款竹节耳炉

岭南大学文物馆旧藏。高8.2厘米，口径10.6厘米。侈口，折沿，沿部附竹节耳，短颈微束，鼓腹下垂，三蹄足。外底中央有“景泰年制”四字阳文铭。整体素面无饰，通体呈红褐色。

清　仿明“大明宣德年制”款罐式铜炉

1959年9月上海博物馆赠送。高6厘米，口径8.4厘米，底径5.1厘米。侈口，束颈，溜肩，鼓腹，圈足。肩部两侧对称贴塑两兽耳。底部有“大明宣德年制”款。

清　戏曲人物双龙耳银炉

1959年9月上海博物馆赠送。高11厘米，口径13厘米，底径11.5厘米。银合金，银含量71%~75%，铜含量20%~24%。侈口，花叶形板沿，束颈，八瓣棱腹，兽面圈足外撇。器身两侧有对称的双龙耳，双龙昂首曲身张口，前爪伏于炉沿，后爪踩于炉腹。八瓣棱腹各瓣之上对应雕饰不同的戏曲人物故事纹。此件银炉的造型、口足部位的花型装饰西洋风格浓重，正面刀马人物故事图上部有椭圆形块面，适合雕刻家族徽标，应为清晚期十三行外销商品。

清　青花人物纹圈足炉

岭南大学文物馆旧藏。高14.2厘米，口径23.5厘米，底径13.6厘米。侈口，圆唇，矮颈内束，鼓腹，平底，矮圈足，足底露胎。颈部上为双圈、下为单圈青花弦纹，内为如意云纹。腹部为通景人物故事图，人物数量颇多，神态各异，有文人抚琴品画，有稚童嬉戏。外底心有青花双圈款。胎质洁白细腻，釉色匀净，青花发色淡雅。器身破损，经锔补基本完整。器腹楷书青花发愿文，内容丰富可考，有“乾隆己未”纪年，推定此器年代为乾隆四年（1739）。江西景德镇窑烧造。

清　青花山水人物纹圈足炉

国立中山大学旧藏。高13.7厘米，口径23.1厘米，底径12.8厘米。侈口，束颈，鼓腹，圈足。口沿下、肩颈处、胫部和圈足外壁饰以双弦纹。外腹绘青花山水人物故事图，颈部辅以道教杂宝纹、云纹。胎质洁白细腻，釉色匀净，青花呈色浓淡有序、层次丰富，深者翠兰、淡者清雅，有青花五彩之妙。江西景德镇窑烧造。

第五章　有币有器

商　铜弓形器

国立中山大学旧藏。残长26.3厘米。梭形弓身微微上拱，中央铸八芒星纹。弓身两侧为对称的曲臂，臂身有纵贯凹槽，臂端为镂孔小铃，可见铃丸。有学者认为此类器物为欧亚草原地区传入中原地区的车马器，可横系于御者腰间，两曲臂可挽缰绳。

东周 “垣”字圜钱

国立中山大学旧藏。直径4厘米。圆形，中间有一圆孔。背平素，无纹，面铸“垣”字。

春秋　旗镦

中山大学文物馆旧藏。长20厘米，口径6.3厘米，底径5.9厘米。时代特征典型，纹饰丰富。长筒形，底开孔。器表有四圈窃曲纹，纹圈带上有小圆环浅浮雕装饰。

战国　三字刀币

中山大学文物馆旧藏，1954年登记入册。通长17.5厘米，最宽处3厘米。尖首、弧背、凹刃、环柄。面上饰三条短弦纹，柄上饰两条纵向弦纹，刀面隐约可见“齐法化”三字。

战国　鄂尔多斯铜削

1955年9月5日陈梦家先生捐赠。长11.4厘米，阔3.1厘米。殷墟出土。刀形狭长，刀身弯曲，环首柄。刀柄两侧起凸棱，中间凹入，饰叶脉纹。

战国　错金银松石铜带钩

1955年黄镜涵先生捐赠。长21.7厘米，宽2.4厘米。器身扁薄，略呈袖珍琵琶形，钩首较小，钩体由首至尾处渐宽，首尾侧视呈“S”形。钩面可见错金银并镶嵌有绿松石，钩背钮柱呈蘑菇形，钮面光素无饰。

西汉　铜弩机身

中山大学文物馆旧藏。通长9.7厘米。机身有鎏金，工艺精良，保存完整，由六个部件组合而成。上有望山，下有悬刀，前窄后宽，前端有沟槽。

西汉　铜弩机身

中山大学文物馆旧藏。通长10.7厘米。上有望山，下有悬刀，前窄后宽，前端有三条沟槽，中间一条为主槽，两边为短浅副槽。机身刻有铭文：“河内工官第四百九十又乙”（数字不确定），铭文对研究汉代的“河内工官”与弩机生产有重要的历史价值。

新朝　契刀五百

国立中山大学旧藏。长7.2厘米。形制奇特，由环首、刀身上下两部分组成。环首如圆形方孔铜钱，上书“契刀”二字，横列方孔两侧；身形如刀，直书“五百”。

元　至元通宝

1956年陈竺同教授捐赠。直径4.2厘米。圆形方孔，光背，面文上下左右书八思巴文“至元通宝”四字，铸于元顺帝至元年间（1335—1340）。

明　洪武通宝

1956年陈竺同教授捐赠。圆形方孔，铸有“洪武通宝”“桂十”字样。共五枚。

明　洪武大中通宝

1956年陈竺同教授捐赠。圆形方孔，面文铸“大中通宝”，背文铸“十”字。共两枚。

明 “雷峰”铜印章

中山大学文物馆旧藏。方形，体量小巧。篆刻阳文“雷峰”二字，传为明代天然和尚的印章。天然和尚，广东番禺人，明末清初广东佛门领袖人物，驻锡雷峰山麓之海云寺。附件为岑学吕信札：“此雷峰章为明代天然和尚遗物。雷峰山在番禺员岗，海云寺在山麓，风景殊胜。明亡后，文人才士、仳离故宦多皈之，十今最著，今释淡归其一也。章为罗原觉（鬯）藏，甲午春以赠冼玉清女士，冼将公之图书馆，先以示予，乃钤数纸，三百年文物，显晦有时，亦定数也。师方老人记于九龙山中。学吕（阳文印）。”

第六章

载道于艺

战国　侯马遗址出土的陶范

中山大学人类学博物馆藏。共17件，残存通长5.16～8.69厘米，通宽1.96～7.10厘米，通高1.84～2.02厘米。该批战国时期铸造青铜器的陶质范，由山西侯马考古工作站于20世纪80年代赠送。陶范大小不一，不规则残存。从范的形式分析，这批范所铸的物品明显有带钩、带足的器物（鼎或其他）、带盖的器物（簋或其他器物的盖）等；从纹饰上看有蟠虺纹、目雷纹、绳纹、云雷纹、窃曲纹等。模、范为古代铸造业必要工序的模具，是研究中国古代青铜铸造业发展的重要实物。

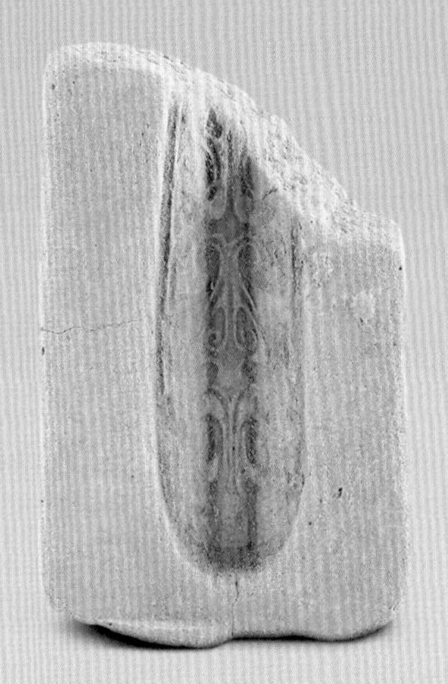

南宋　菠萝漆盘（一对）

岭南大学文物馆旧藏。口径23厘米，高3.9厘米。菠萝漆又称作破锣漆、犀皮漆。该对菠萝漆盘为南宋板胎漆器。折沿，浅斜腹，广底，圈足。盘折沿内髹略厚菠萝漆，色红黑相间；外髹酱红漆，略薄。圈足内的底髹黑漆。从磨损处可见胎为皮制。整体保存相对较完好，有早期旧修痕迹。

明　白玉苍龙教子带钩（两件）

1958年陈竺同先生捐赠。通长10.9厘米，通宽2.4厘米。其中一件带钩为白玉质，质纯而润。钩呈龙首形，双角，圆凸眼，隆鼻，方口露齿。钩板呈长椭圆形，上镂空一爬行状的螭，长毛发，单角在毛发之上向后并回翻卷，腿部关节呈卷云纹。钩板镂空处呈弧面，抛光感强。另一件质地相同，受沁呈黄褐斑。钩呈龙首形，双角，凸眼，隆鼻，方口露齿。钩板呈长椭圆形，上镂空一爬行状的螭，长毛发，口含灵芝，腿部关节呈卷云纹。钩板镂空处平整。两带钩均作龙首与螭首相对，似是老龙对螭细语相教，故民间称这种形态的龙为“苍龙教子”。镶挂壁酸枝板。

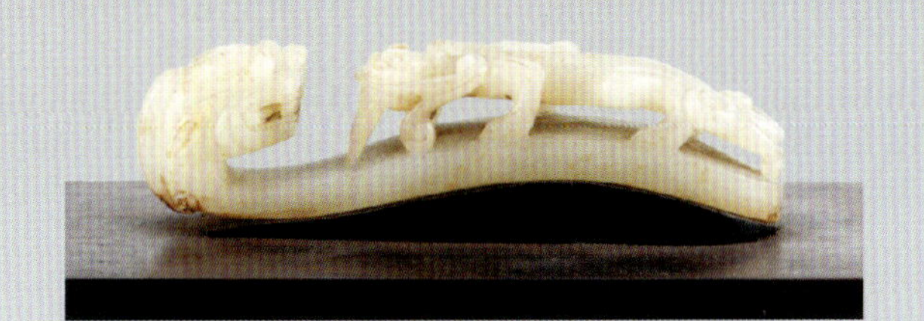

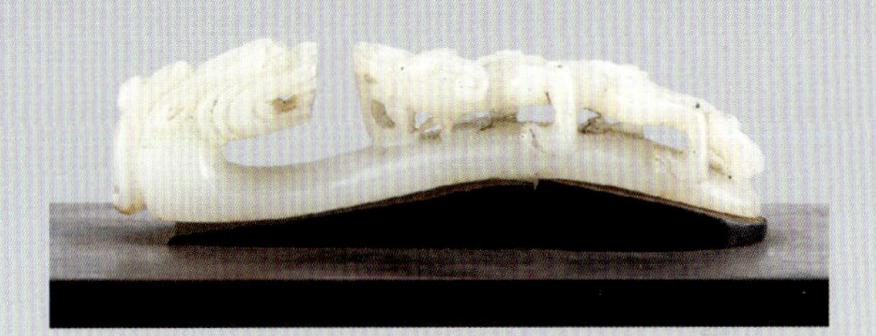

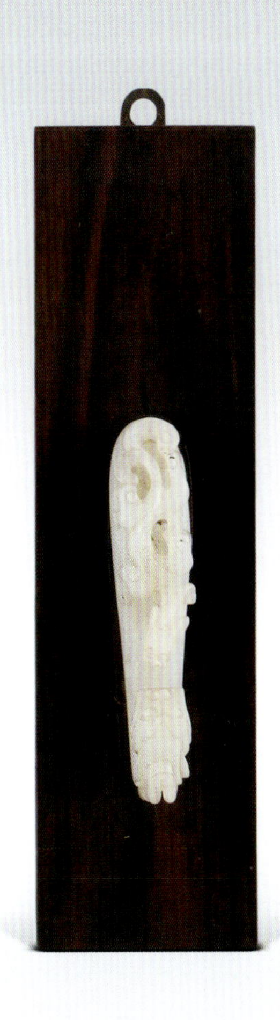

明　鱼形佩

1958年5月陈竺同先生捐赠。长6.5厘米，宽3.2厘米。白玉，质地细腻温润，受沁处呈黄褐斑。采用圆雕工艺，鱼眼及鱼睛用双圈表现，鱼闭嘴，竖鳍，鳞以“米”字纹表示，鱼身中线呈“S”状，鱼尾分叉呈花尾。整鱼均以粗阴刻线表现各部位。在鱼鳍中钻有一圆孔，用作悬佩。这类鱼形佩在明清较为常见。

明　象牙雕八仙笏板

岭南大学文物馆旧藏。长53.7厘米，通宽8.1厘米，通厚0.6厘米。该象牙笏板原为明代的笏板，笏板随象牙微弯，长梯形，后经清代在笏板里面加刻凤及八仙人物（清代将象牙笏板倒转方向刻）。从上而下分别刻飞凤，张果老手持经文卷，韩湘子吹笛，铁拐李背负葫芦，吕洞宾背剑、手持拂尘，曹国舅手举快板，何仙姑背着荷花，蓝采和手臂挽花蓝，汉钟离手拿法器于腹前，众仙脚踏祥云在高空中，高山在众仙之下。整个画面布局按笏板的形状来处理，以阴刻线的刀法刻绘，所刻线条流畅，人物生动自然。笏板因时间长而有自然“笑纹”。

清初　洮河石钟形砚

中山大学文物馆旧藏。通长15.67厘米，通宽10.85厘米。该砚石为甘肃洮河流域地区所产的“洮河石”，石色青绿，石质细腻温润。砚采用钟形的砚式，顶有钮，平头，圆肩，撇脚，下方边呈凸圆弧。砚额雕连身双头龙纹，砚边以“回”纹装饰。砚池采用深槽式，砚岗呈断崖式，砚堂呈淌水式，渐向砚岗倾斜，砚底呈平面状。砚额雕连身双头的龙纹，实为龙生九子之一的“蒲牢”，蒲牢受击就会大声吼叫，充作洪钟提梁的兽钮，助其鸣声远扬。作为读书人或文人的用品，寓意似“蒲牢”一样声名远扬。

清乾隆乙丑年（1745）“云海移情”云龙纹漆琴匣

岭南大学文物馆旧藏。长106.8厘米，宽24.8厘米，高14.8厘米。琴匣为木胎，分匣盖及匣身，通体髹黑漆并彩绘，漆面呈长断纹。匣盖面及两侧以红漆绘五爪龙纹，盖面上部以隶书刻题“云海移情　乾隆乙丑年制”，中部刻隶书乾隆的御题诗：“补桐时节桐森森，因风常作太古音。曾不数年邻死灰，当前枯苑同陶阴。底倿为薪识伟物，雷霄裁作冰弦琴。成连古有今则无，移情讵必云海深。棐几高张殿阁凉，南风一咆渺予心。乾隆乙丑冬日御题。”诗文题款钤盖“乾”“隆”二方花边印。御题诗直接压在红漆所绘的龙纹上。匣的题名、御题诗及印均采用雕漆戗金工艺。

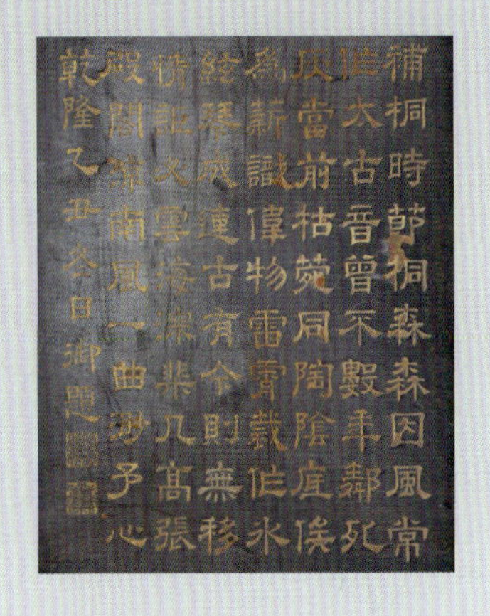

清　紫檀嵌螺钿插屏

岭南大学文物馆旧藏。高27.3厘米，宽20.5厘米，厚1.1厘米。该插屏从尺寸上分析，应为文房中的砚屏。屏以名贵的紫檀木制作，屏芯黑漆地，嵌七彩螺钿人物。场景为小山石及垂柳等植物，四个人在水边席地而坐，其中二人头戴官帽，腰束玉带，一人右手托酒杯；一老者头顶发束，留着胡子，抬右手作辩论状，其对面一人头戴头幞侧后背，右手托酒杯；四人中间放置食物及酒鐔。从四人的头饰、帽子、腰带等分析，其中三人或为官员或有功名之人，而侧后背的人头戴头幞，为平民。屏背后芯同样嵌螺钿行草“焦遂五斗方卓然，高谈雄辩惊四筵”。这二句诗文应是杜甫《饮中八仙歌》中“焦遂五斗方卓然，高谈阔论惊四筵”的诗句。嵌螺钿有软、硬之分，该砚屏为嵌软螺钿。

清　剔红漆镶黄杨兰花嵌螺钿花卉砚屏

岭南大学文物馆旧藏。高25.9厘米，宽21.9厘米。砚屏为木胎，漆面可见明显的断纹。砚屏整体髹大红漆并加以雕缠枝牡丹及菊花纹饰，在屏牙板侧面雕“回”纹。雕工娴熟，刀法细腻流畅，采用斜刀法隐起牡丹花的外形，加以阴刻线钩出花及叶脉的向背状态。砚屏正面画芯在黑漆地上镶黄杨木雕的兰花，砚屏背面画芯同样以黑漆为地，嵌排列齐整的螺钿花卉纹饰。正、背面的画芯都是采用色彩的反衬手法，给人视觉上的强烈冲击，起到对比鲜明的装饰效果。

清　剔红福禄寿如意

岭南大学文物馆旧藏。通长42厘米。该如意为木胎，通体髹较厚的红漆，漆面亮丽莹润，朱红沉着。如意侧视呈“弓”形，柄中间弯凸。如意头上剔一鹿卧、一鹿站立于山石上，同时引颈抬头望向空中飞翔的两只蝙蝠，而蝙蝠盘绕在桃树之上，桃树结九个硕大的桃子，在鹿身傍山石上长有松树及灵芝，寓意“福禄寿”；如意柄中间剔绣石、牡丹、水仙、竹子、灵芝图案，寓意“富贵长春”；如意柄上下段剔缠枝宝相花形的牡丹；柄尾剔菊花、桃树、蝙蝠图案，寓意“福寿”。该如意剔漆刀法干净利落、粗细结合，运用得恰到好处：竹子、动物、花卉采用绘画的“工笔”技法，流云、树干采用绘画的“写意”手法，山石以绘画的“斧劈皴”技法表现。

清　剔红彩漆石榴纹盖盒

岭南大学文物馆旧藏。通长10.05厘米，高4.4厘米。该盖盒为木胎，盒随双石榴形，子母口。盒内通体髹黑漆，漆面乌黑，平整光亮；盒外髹较厚的红漆，在红漆上以刻刀在“回”纹地上剔出两个石榴及枝叶，一石榴在成熟过程中还带有石榴花，另一石榴已成熟并裂开，露出石榴籽。石榴的外皮剔双线边几何纹，纹内剔小菊花，几何纹之间剔佛教的“卍”字纹。石榴的花、籽、叶再以相应颜色的漆绘加。盒边一周纹饰是蜂巢纹的六边形，同样双边，内刻小菊花。

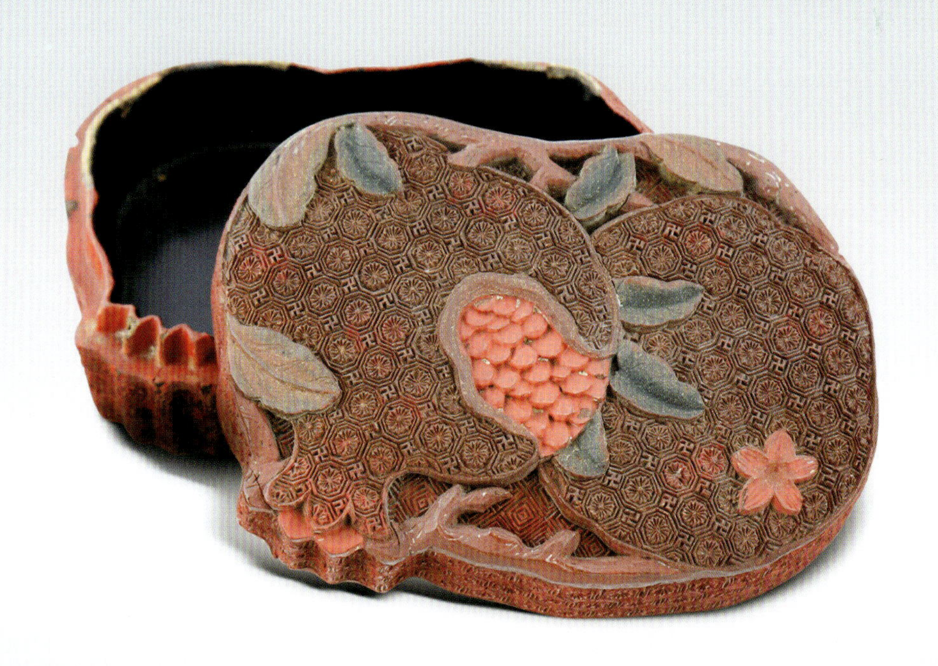

清　剔红花卉纹帽架

岭南大学文物馆旧藏。通高29厘米，底径13厘米。该帽架为木胎，通体髹较厚的红漆，再以刻刀剔出花卉纹饰等。俯视帽架，其顶、底呈双层五瓣梅花形，侧视呈哑铃形。帽顶侧视上下凸弧呈捧盒形，以深刀法剔出牡丹花及枝叶纹饰，再以阴刻线刻花瓣、叶脉纹饰。帽架柱上下刻“卍”字纹，梃手凸起，与顶同剔牡丹花纹，上下饰回纹，连接顶部与座面处剔莲瓣纹。座面与座的膨牙边同样剔牡丹纹饰，座边饰“回”纹，在五瓣膨牙下出五个如意头的足。底髹光亮的黑漆。

清　珐琅花卉寿字馔盒

岭南大学文物馆旧藏。高13.5厘米，口径33.7厘米。馔盒为广州生产的铜胎画珐琅器，俯视呈八莲瓣组成的圆盒。盒子母口，盒内分为两层，上层为托盘，托盘上的承托饰蓝地红彩描金团寿，边圈描金蝙蝠，八扇形、一圆形组合式盘（民间亦称这种形式的盘为“九子围盘”）。盒内全施绿松石色釉，盒外则以蓝彩绘画莲瓣，莲瓣分仰莲和覆莲，地以珊瑚红为地色，盒面、盒身莲瓣内绘牡丹纹，底为白色。整个馔盒的珐琅色彩明快亮丽，过渡自然，绘画工艺精细，充分体现了“广珐琅”的特色。

清光绪二十四年（1898）《邓和简公奏议》木刻板

岭南大学文物馆旧藏，邓又同先生捐赠。长25.5厘米，宽18.3厘米。清光绪二十四年（1898）《邓和简公奏议》一书的印刷木刻板，全套共148块。该刻板采用双边栏，书口象鼻处刻书名“邓和简公奏议”，书名下刻单黑鱼尾，黑鱼尾下板心书口分刻卷数及在各地的奏稿。书正文内容采用仿宋体雕刻，雕工刀法精准娴熟。该书是邓和简对当时时政的各种政见，是研究清末政务、印刷业的重要实物，可作版本学、图书学等研究的重要依据。

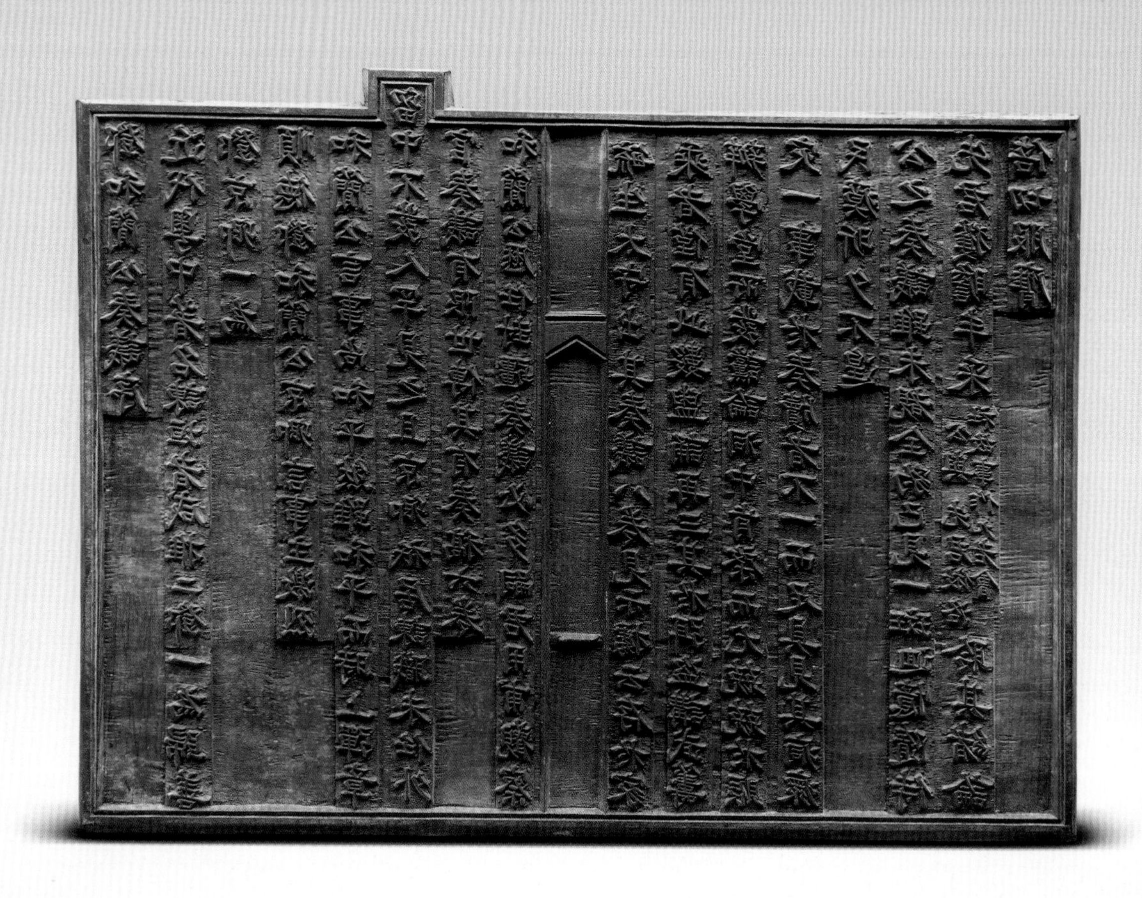

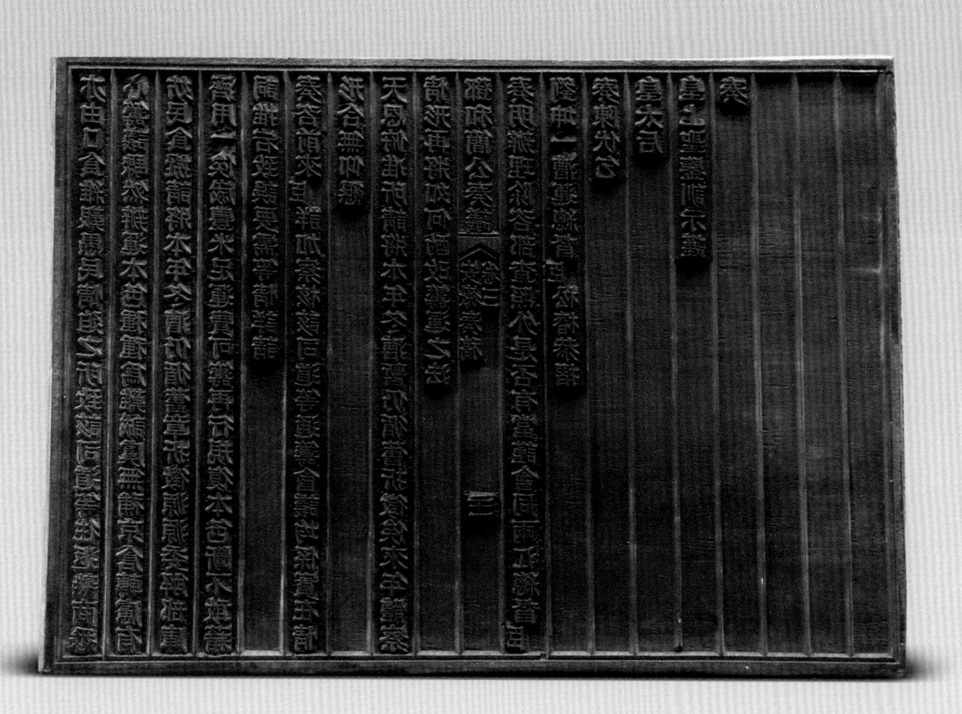

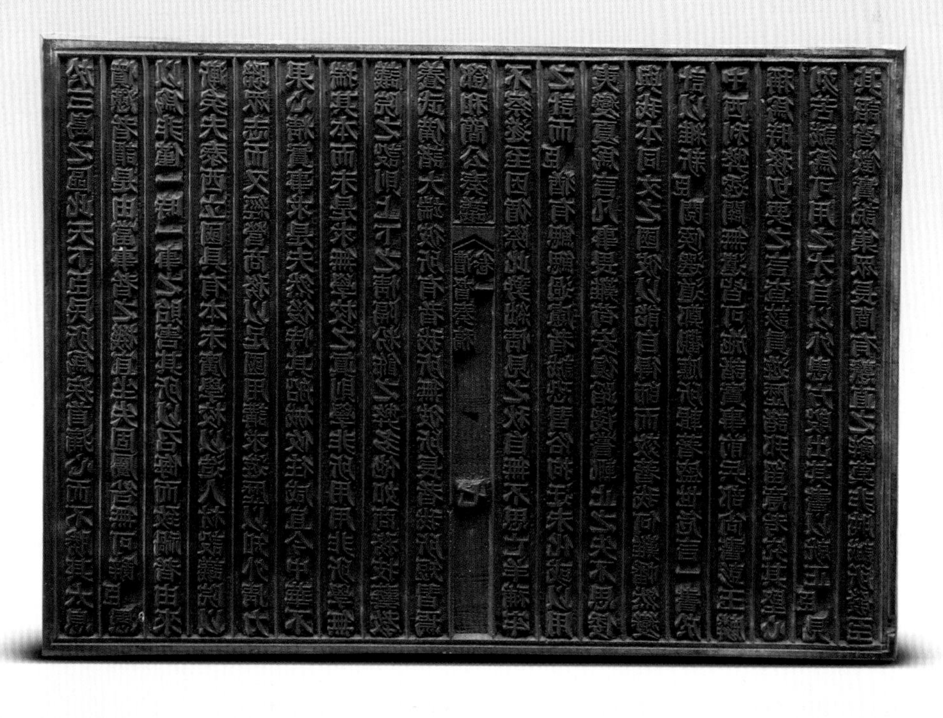

民国　广西龙胜僮族《打铜鼓之老人》教学布挂画

国立中山大学旧藏。长67厘米，宽44.5厘米。该布挂画是根据1939年6月杨成志先生在广西龙胜村拍摄僮族《打铜鼓之老人》照片临摹制作在白布上的。先用炭笔勾勒画稿，再用墨着色加重其黑色。图中击鼓老人高额，深眼前望，高颧骨，大鼻，阔口，为典型的南方少数民族形象。老人赤膊而立，左手拿一“T”形木槌，右手执木制助音桶，桶身由多片木板拼合且固以两道纤编的箍。老人胸前悬一面铜鼓，以麻绳缚双耳，水平侧悬于木挂钩上。鼓面可见分晕，中心为十二芒太阳纹，其他各晕可辨识的有水波纹和栉纹，鼓胸可见乳钉纹及一对扁耳，鼓腰中部有凸弦纹一道。该图曾为国立中山大学研究院民族学研究室西南夷挂图之一。

民国　西康大凉山彝族《巫师念经之状》教学布挂画

国立中山大学旧藏。长66厘米，宽48厘米。该布挂画是根据1928年冬天杨成志先生在西康大凉山六城坝拍摄彝族《巫师念经之状》照片临摹制作在白布上的，成教学挂画时间在1940—1945年间。图中巫师头戴斗笠形特制法师帽，身披羊毛毡，手持横向经文，蹲于地上作念经状。巫师身前放置已念过的经页、占卜用的签筒等。该图曾为国立中山大学研究院民族学研究室西南夷挂图之一。

民国　西康大凉山彝族《妇人背木桶汲水》教学布挂画

国立中山大学旧藏。长69.5厘米，宽47.5厘米。该布挂画在1940—1945年间成教学挂画，根据1928年冬天杨成志先生在西康大凉山六城坝拍摄彝族《妇人背木桶汲水》照片临摹制作在白布上的。该照片曾在杨成志先生所著《云南民族调查报告》中刊载。图中妇女头戴冬瓜形帽，束长发于后脑，大鼻，高颧骨，张嘴；身穿土布长衣长裙，上身前倾，手戴手镯，双手环状前拢；背后背一多木板拼合且以四道纤编箍的木桶，桶底部一端抵在妇女的后腰上，桶上部一麻绳环绕连在妇女胸前锁骨前。该图曾为国立中山大学研究院民族学研究室西南夷挂图之一。

下编

研究论文及资料汇编

中山大学图书馆藏北齐卢舍那法界人中像及相关问题

姚崇新 刘青莉

1929年，中山大学中文系教授商承祚先生奉学校之命赴北平采购文物，以充实中山大学文物陈列，商先生在北平琉璃厂等地购得商周至唐宋各时代文物凡两百余件（种）①。这批文物抵穗后，先陈放于现文明路之中山大学校区文物陈列馆，后随校迁至中山大学石牌新校区。日军侵占广州后，于1941年将其司令部设在石牌中山大学内，乃使这批文物遭到严重破坏，同时大批文物丢失。1953年院系调整，这批文物的劫余再次随校迁至今校址康乐园，但一直没有正式陈列，鲜为人知②。2006年，经商承祚先生之哲嗣商志罈教授的倡议，学校责成图书馆负责将这批文物进行整理后迁入馆中正式陈列。受图书馆邀请，笔者参与了整理工作。历尽沧桑，这批劫后幸存的文物最终得以妥善安置。这批劫余文物仅存18件，均为石刻，从内容上可分为两类：一类是佛教造像，另一类是墓志（共3方，均为唐代墓志），以前者居多。佛教造像包括造像碑和单体圆雕造像，时代历北朝、隋、唐和宋代。从这批造像的风格看，除个别造像疑为赝品外，大部分造像的服饰、体征的时代特征十分鲜明，如褒衣博带、秀骨清像式特征在北魏造像碑中有充分体现。部分造像碑有造像题记，甚至有明确纪年，因而具有较高的学术价值。单体圆雕造像中最引人注目的是卢舍那法界人中像，体形高大，系汉白玉雕刻而成，在目前所发现的同类作品中属于罕见。本文仅拟对该件卢舍那法界人中像进行初步研究，其他佛教造像及墓志等文物资料将另文探讨。

一、造像识读与此类造像属性问题的再检讨

（一）造像的识读

该件造像现编号为016，为单体圆雕立佛像，系用整块汉白玉雕刻而成。可惜原件自头部以下躯干曾断裂为六段，系人为破坏，后虽经黏接，躯干部分基本恢复了原貌，但双臂、双足残失，面部及左侧头部和双肩损毁严重。目前所见肩部系后来修补而成，大体接近原貌。另外，比照该件立佛像原配有可装卸的头光的情况（详下文），推测该件佛像原应配有可装卸的基座，但已随双足一同残失。估计该像破坏于日本侵华时期，而修复于中华人民共和国成立后。

该件立佛残高175厘米，肩宽50厘米，头高30厘米，身躯平直。面部因损毁严重，面相已模糊不清，但仍可看出口部较小，嘴角凹陷。螺发，肉髻低平，与头顶的界线不明显。脑后正中偏上的位置凿有1.5厘米见方的孔洞，应是固定头光的隼孔，可知立像原配有可装卸的头

① 相关信息参看中山大学语言历史学研究所编《国立中山大学语言历史学研究所周刊》第七集第八十二期所刊之《本所消息——本所新购入大批古物》，1929年5月22日出版，第28页。

② 以上信息承蒙商承祚先生之哲嗣商志罈教授见告，谨此致谢！商志罈先生的信息得自于其父商承祚先生20世纪50年代的回忆。

1-a 正面

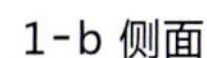

1-b 侧面

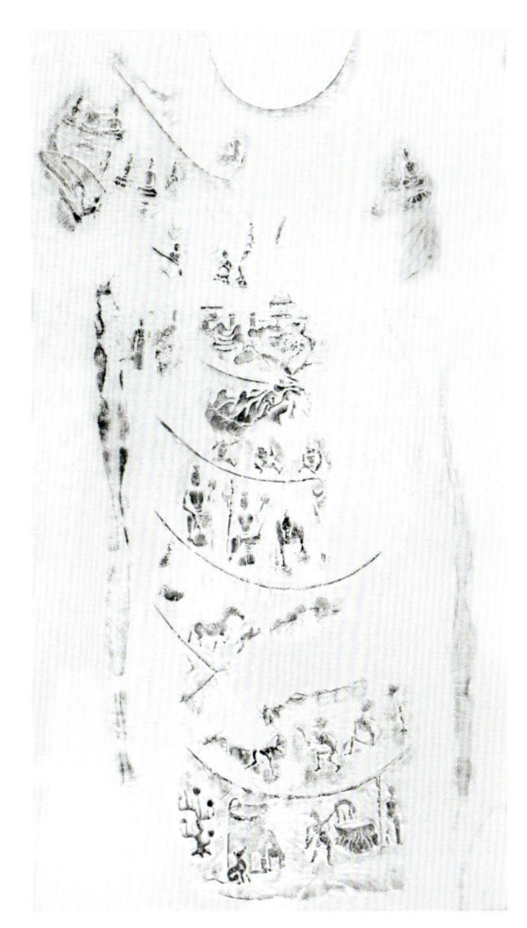

1-C 拓片

图1 中山大学藏卢舍那法界人中像之正面、侧面、拓片

光。佛着圆领通肩袈裟，佛衣贴体，下摆不外侈，使身体呈直筒状。佛衣下摆下方露出僧祇支，僧祇支上纵向刻出平行褶纹（图1）。

佛衣表面自胸迄膝自上而下浅浮雕出六道及佛界形象，各道之间以及六道与佛界之间均用弧状的间隔线隔开，胸部又表现出海水、须弥山、龙、楼阁等形象。部分画面已剥蚀。兹依间隔线的提示，以六道图像和佛界图像为主线，按自下而上的顺序将整铺图像识读如下：

（1）地狱道。位于最下部的佛衣下摆处，共浮雕4幅图像。最左侧一幅似为刀山；自左至右第二幅：正中为一油锅，锅底火焰熊熊，锅两侧各立一牛头狱卒，手执长叉，右侧一卒正用叉将一人挑向锅中。自左至右第三幅：正中似为一座门楼，门楼两侧各蹲一犬类动物，皆面向门楼，作欲进状，门楼的左下方雕出一圆拱形小门。第四幅位于最右侧，为一棵树，树枝末端浮雕若干珠状物，似为剑树（图2）。

（2）饿鬼道。位于地狱道上方。自左至右环刻六身饿鬼形象，其中右侧三身已残。饿鬼皆裸体，瘦骨嶙峋，作奔走哀嚎状（图2）。

（3）畜生道。位于饿鬼道上方。自左至右环雕动物若干身，大部分已损毁。右侧尚残留一匹马、一头猪和一只鸡。另有一动物残半，似是一匹骆驼，因为驼峰尚存（图3）。

（4）阿修罗道。位于畜生道上方。居中部位浮雕一匹肥硕健壮的马，马面朝外。马右侧浮雕一身阿修罗，阿修罗三面四臂，头戴三叶形宝冠，裸上身，下着裙，右舒相坐于束帛座上。上二臂左手托日，右手托月牙；下二臂左手持宝剑，右手执长戟。阿修罗右侧又浮雕一

图2　中山大学藏卢舍那法界人中像局部之一

图3　中山大学藏卢舍那法界人中像局部之二

人物形象，二臂，左手托圆状物，似为日，右手置右膝上，执物不明；头束高髻，裸上身，下着裙，亦如阿修罗右舒相坐于束帛座上，披帛绕臂垂体侧。马左侧的造像损毁，从残痕看，似与马右侧的图像对称，因为马左侧尚残留有月牙、宝剑等局部形象（图3），它们应是阿修罗所执物。

（5）人道、海水、须弥山等。位于阿修罗道上方。正中偏下方处浮雕出水波纹，表现的应是海水。一嶙峋的山体自水波中拔然而起，一条三爪龙缠绕于山体腰际，使山体呈束腰形。此山体应是须弥山。山顶与天道相连。在海水下方接近人道与阿修罗道的分界处残存三身兽首人身形象，均裸上身，下着及膝短裤，跣足，手仅三指，或呈奔跑状，或呈坐卧状。山体左侧图像已损毁，右侧浮雕三身世俗人物形象，其中二身已漫漶，仅余轮廓，一身保存较完整：男性，立式，束高髻，着交领窄袖长袍，胸部束宽带，袍质厚重，袍形呈直筒状，左手托物，右臂下垂，右手罩于袖中。人道与天道的分隔线起自山体束腰处（图4）。

（6）天道。位于人道上方。包括山体腰际以上部分，所以山体兼跨人、天两道，山顶部分表现天道内容。山顶浮雕出若干亭台楼阁，表现的应是天宫楼阁。楼阁两侧斜上方对称雕出四身飞天，仅一身完整。飞天体态飘逸，披帛翻飞上扬（图4）。

（7）佛界。位于天道上方。正面及左侧图像大部分已损毁，中部偏左侧一方沿着佛界与天道向斜上方延伸的分隔线浮雕出五身弟子形象，弟子皆着双垂式袈裟，其中四身结跏趺坐，一身仅雕出胸部以上部分。弟子像上方环雕出七铺三身组合造像，或为三佛组合，或为一佛二菩萨组合。其中一铺位于正面中央，为一佛二菩萨，但佛与左胁侍菩萨已损毁，仅余轮廓。其余六铺以中央造像为中心对称布局，一直延伸到臂部，但仅右边靠外侧的两铺保存稍完整，这两铺造像为三佛组合。七铺造像身量规格基本一致，造像特征也基本一致：佛馒头状肉髻，着贴体通肩袈裟，居中佛结跏趺坐于莲圆形、中间束腰的亚形佛座上，双手于腹前结定印。居于两侧的佛结跏趺坐于覆莲圆座上，双手亦于腹前结定印。菩萨仅余一身，亦坐式，头戴平顶宝冠，宝缯披肩，双手当胸（合十或执物，已漫漶不清）（图5）。

此外，佛界上方又刻出一条弧状间隔线，间隔线至主像领缘又构成一环状图像带，但其间图像悉损毁，仅余部分图像的轮廓。从残存轮廓看，似有孔雀和飞天形象，分别位于主像右胸部和右肩部（图5）。

（二）关于此类造像属性的再检讨

此种在佛衣上或彩绘，或雕刻六道、佛、菩萨、须弥山、海水、龙等图像的佛像属佛教

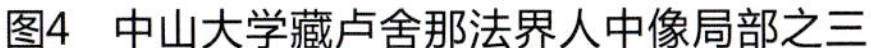

图4　中山大学藏卢舍那法界人中像局部之三

图5　中山大学藏卢舍那法界人中像局部之四

造像中的一种特殊形象，在表现形式上主要有两种，一种是单体圆雕，一种是壁画，此外还有板画的形式。从目前发现的造像资料看，主要集中于北朝至隋唐时期，唐代以后还偶有所见。从资料的分布地域看，主要分布在中原北方、河西及新疆塔里木盆地南北缘绿洲地带，地域分布较广。此种特殊佛像自20世纪初即引起佛教美术史界的关注。1915年，日本东洋美术史家大村西崖在其《支那美术史雕塑篇》一书中首次将僧传文献中所谓的“人中金像”和造像记中所言及的包含三界六道形象的佛像称为“卢舍那法界人中像”①，但大村没有列举其所谓的卢舍那法界人中像的实物图像资料，也没有论证。与此同时，西方探险家在新疆地区发现了于佛身彩绘各种图像的特殊佛像。1900—1916年，匈牙利裔英籍考古学家斯坦因（A. Stein）先后三次率考察队在和田地区考古探险，他在该地区获得的古代佛教美术品中包括数幅佛衣上绘有各种图案、图像的木板彩绘佛像和壁画佛像②。1906年春季，由德国学者格伦威德尔（A. Grünwedel）和勒柯克（A. von Le Coq）率领的普鲁士皇家第三次吐鲁番考察

① 参看大村西崖《支那美术史雕塑篇》，东京：国书刊行会大正四年（1915）版，第141、355-357页。

②参看A. Stein, Ancient Khotan, *Detailed Report of Archaeological Explorations in Chinese Turkestan*, 2 vols., Oxford 1907, Pl. LXV. 彩绘壁画，出自和田巴拉瓦斯特（Balawaste）寺院遗址，此幅壁画已引起学界广泛关注。壁画为一身结跏趺坐佛，双手于腹前结定印，腹部以下残失。坐佛的胸腹部及双臂双肩满绘各种图案，有金刚杵、同心圆、重叠三角纹、花卉、日月等，腹部还绘有一匹奔马；A. Stein, Serindia, *Detailed Report of Explorations in Central Asia and Westermost China*（中译本名《西域考古图记》，中国社会科学院考古研究所译，广西师范大学出版社1998年版），5 vols., Oxford 1921, Pl. CXXV, F. II. iii. 2. 彩色木板画，法赫德·伯克·亚依拉克（Farhad-beg-Yailaki）佛寺遗址出土。木板上绘一身立佛，面略向右侧，通身舟形背光，圆形头光，身体略扭曲。佛的胸、腹部及双臂上会有轮状图案、坐佛、飞禽等（说明文字参看中译本，第719页；F. H. Andrews, *Catalogue of Wall-paintings from Ancient Shrines in Central Asia and Sistan*, Delhi, 1933, pp. 52-53）；A. Stein, *Innermost Asia. Detailed Report of Explorations in Central Asia, Kan-su and Eastern Iran*（最新中译本名《亚洲腹地考古图记》，巫新华等译，广西师范大学出版社2004年版），4 vols., Oxford 1928, Pl. XIII, XIV. Pl. XIII. 所收编号为Badr. 075，和田达玛沟（Domoko）附近遗址出土，彩绘板画，为一结跏趺坐佛，佛着通肩袈裟，剥蚀严重，但仍可见其左肩及左胸部有轮形图案。说明文字参见中译本第四章《从和田到罗布泊》，第175页。但说明文字没有提及佛身所绘的几何图案。Pl. XIV所收此类图像两件，编号分别为Har. 034和 Har. 036，均为彩绘板画。前件为一立佛，头略左偏，剥蚀严重，但仍可见其右臂上绘有长方形图案，右肩部绘有轮形和新月形图案。后件为一结跏趺坐佛，佛的胸部和四肢上绘满了各种几何图案，有三角形、同心圆等。说明文字参见中译本，第1486-1487页。据斯坦因称，这组编号为“Har.”的文物系英国驻喀什副领事哈定（H. I. Harding）购自和田，具体出土地点不详，可能是当地村民在达玛沟东北的沙漠遗址中挖掘出来的。上述斯坦因在和田地区发现的这些图像资料的年代一般认为在6世纪前后。这些佛像身上所绘虽然以几何图案为主，在构图形式上与以六道、佛、菩萨等为主要表现形式的佛像有较大差异，但一般认为，这两类图像之间仍然有内在联系。

队在库车西面的库木吐拉（Kumutura）和克孜尔（Kizil）石窟考察，剥取大量壁画，在克孜尔剥得此类佛像①。同年5月，考察队在焉耆附近的舒尔楚克（Shorchuk）石窟中割取了大量佛教壁画，其中包括胸部和四肢绘有佛、菩萨、天神、轮状物等形象的立像②。勒柯克和瓦尔德施密特（E. Waldschimdt）将剥自克孜尔石窟的这幅带有身光、周身绘满图像的立佛像称为卢舍那佛③。

1937年，日本佛教美术史学者松本荣一在《敦煌画の研究》中首次对此类特殊佛像进行了系统研究，指出包括敦煌莫高窟北周第428窟主室南壁中央所绘佛像以及莫高窟唐代洞窟中所绘报恩经变中出现的此类形象，以及上述西域地区发现的同类图像，均为华严教主卢舍那佛，并检讨了此种图像的经典依据，认为此种图像与华严信仰与华严思想的流行有关④。1950年，日本佛教美术史学者水野清一对出自北齐高寒寺的同类佛像进行了专门探讨，对该立佛佛身图像进行了逐一解读，旁涉西域、云冈及莫高窟428窟的同类图像资料，他基本接受松本的观点，将此类佛像认定为华严教主卢舍那佛⑤。之后不久的1959年，日本新一代东亚佛教美术史学者吉村怜发表了他以此类图像为专题研究的硕士论文《卢舍那法界人中像研究》，系统搜集了中原、北方、河西、西域以及流失海外的此类图像资料，结合文献记载和造像铭记资料，论证此类图像为华严教主卢舍那佛，具体可称之为卢舍那法界人中像⑥。显然，吉村怜进一步论证并完善了从大村、松本到水野诸氏的观点。1972年，研究中亚艺术与图像学的印度学者班纳尔吉（P. Banerjee）对斯坦因所获、出自和田巴拉瓦斯特的这幅作品进行了专门研究，他将这幅作品定名为卢舍那佛，同时又强调了卢舍那佛具有包容宇宙万物的属性⑦。20世纪80年代初，日本学者石田尚丰发表《华严经美术的展开》等论文，持同样观点⑧。至此，学界基本倾向于认为此类图像为卢舍那佛像的一种特殊表现形式，具体可称之为卢舍那法界人中像。但20世纪80年代中期后，异说出现。

1986年，美国学者何恩之（A. F. Howard）出版了她的博士论文《宇宙佛图像》，对此类图像资料进行了更广泛地搜集。在此基础上，她根据《法华经》等经典的内容，提出了完全

① 参看A. von Le Coq und E. Waldschimdt, *Die buddhistische Spätantike in Mittelasien,* I-VII（中译本名《新疆佛教艺术》，管平、巫新华译，新疆教育出版社2006年版），Berlin 1922-1933（rep. Graz 1973-1975），VI, Tafel 7. 此件壁画为一彩绘立佛，佛面向右侧，身体呈“S”形，舟形通身背光，圆形头光，背光、头光周缘均环绘禅定坐佛若干身。佛衣上自领部以下至腹部绘三排禅定坐佛，膝部绘有饿鬼等形象及圆形几何图案等。

② 参看A. Grünwedel, *Altbuddhistiche kultstätten in Chinesich-Turkistan. bericht über archüologische Arbeiten von 1906 bis 1907. bei Kuca, Qarasahr und in der oase Turfan von Albert Grünwedel*（中译本名《新疆古佛寺——1905—1907年考察成果》，赵崇民、巫新华译，中国人民大学出版社2007年版），Berlin 1912, Fig. 465. 说明文字参看中译本第370-371页。这可能是一身菩萨像而非佛像，说详后。

③ 参看《新疆佛教艺术》第6卷，图版7，第497-499页。

④ 松本荣一：《敦煌画の研究》之《华严经变相》一节和《华严教主卢舍那佛图》一节，日本东方文化学院东京研究所，昭和十二年（1937），第189-195、291-315页。

⑤ 水野清一：《いわゆる华严教主卢舍那佛の立像について》，载《东方学报》（京都）第十八册，京都大学人文科学研究所，昭和二十五年（1950），第128-137页。收入氏著《中国の佛教美术》，东京平凡社，1968年（1990年复刊），第135-155页。

⑥ 吉村怜：《卢舍那法界人中像の研究》，《美术研究》第203号，1959年，第235-269页（收入氏著《天人诞生图の研究——东アジア佛教美术史论集——》，东京东方书店1999年版）。卞立强、赵琼中译：《天人诞生图研究——东亚佛教美术史论文集》，中国文联出版社2002年版，第3-15页。

⑦ P. Banerjee, “Vairochana Buddha from Central Asia”, Oriental Art XVIII. 2, 1972. In P. Banerjee, *New Light on Central Asian Art and Iconography,* New Delhi, 1992, pp.16-25, pls. 9-15.

⑧ 石田尚丰：《华严经美术の展开》，载《博物馆》第350号，1980年；同氏《飞来峰の华严佛会像——新毗卢遮那像の源流——》，收入氏著《日本美术史论集——その构造的把握——》，东京中央公论美术1988年版。

有别于以往学者的观点，认为此类图像与《华严经》和华严信仰没有关系，而是由历史性的佛陀演化而来的作为宇宙主的释迦佛，所以她将此类图像称之为宇宙佛（Cosmological Buddha）。何恩之的论文还有专门的章节与吉村怜商榷①。何恩之的观点首先得到了日本佛教美术史学者宫治昭的呼应，1993年，宫治昭发表文章，详细讨论了印度早期历史性的释迦造像如何随着时间地域的变化，而逐渐脱离其历史性的一面，并逐渐被赋予不可思议的神变力量，成为慈悲与智慧的象征，最终成为十方三世无所不包的宇宙主释迦佛的过程②。显然，从新疆到中国内地的此类图像被宫治昭认定为宇宙主释迦佛像。但与此同时，台湾学者李玉珉发表《法界人中像》一文，分几大区域系统介绍了此类图像，对此类图像定性指向《华严经》和华严信仰，继承了早期日本学者的观点③。宫治昭的观点继之得到韩国学者朴亨国的支持，1997年他发表文章，再次提到何恩之已引用过的《法华经》卷六《法师功德品》中的一段偈语："三千世界中，一切诸群萌，天人阿修罗，地狱鬼畜生，如是诸色像，皆于身中现……"据此认为于身中现色像的未必就是卢舍那佛，更可能是释迦佛，从而支持了何恩之、宫治昭的观点④。由于朴文主要是针对吉村怜的观点的，所以不久吉村怜发表了他关于法界人中像的第二篇论文，对朴文予以反驳，文章中补充了新资料，进一步完善了他原有的论证。并针对朴文所持《法华经》偈语的论证，指出即便于身中现色像的未必就是卢舍那佛，抑或菩萨也可于身中现色像，但现实中造不出这种像⑤。同年吉村怜又发表论文对日本奈良东大寺大佛佛身图像进行了研究，认为图像反映的是《华严经》中所宣扬的莲华藏庄严世界海，重申了自己以往的观点⑥。在朴亨国发表论文的同一年，班纳尔吉发表了他研究西域此类图像的第二篇文章，这篇文章讨论了出自和田法赫德·伯克·亚依拉克佛寺遗址的这幅作品，观点依旧，将其认定为卢舍那佛⑦。

不过，此时也出现了有别于上述两说的另一种声音。1996—1999年，台湾学者林保尧接连发表了三篇文章，公布了他多年揣摩研究美国弗利尔美术馆（Freer Gallery of Art）藏北周交脚弥勒菩萨造像碑背面的线刻图像的心得。也许是过于关注这幅线刻图像与碑正面的交脚弥勒菩萨可能存在的联系，林先生将整幅图像完全纳入弥勒信仰和弥勒净土的框架下进

---

① Angela F. Howard, *The Imagery of the Cosmological Buddha*, E. J. Brill, Leiden, 1986.

② 宫治昭：《宇宙主としての釈迦仏——インドから中央アジア・中国へ——》，立川武藏编《曼荼罗と轮回——その思想と美术——》，东京佼成出版社1993年版，第235-269页。贺小萍中译文《宇宙主释迦佛——从印度到中亚、中国》，载《敦煌研究》2003年第1期，第25-32页。

③ 李玉珉：《法界人中像》，《故宫文物月刊》第11卷第1期，1993年，第28-40页。此外，同年李玉珉先生还发表有关敦煌四二八窟新图像源流探讨的长文，此文虽非此类图像的专论，但对人们所熟知的该窟所存身体绘有三界六道形象的那身立佛的图像的来源问题进行了探讨（李玉珉《敦煌四二八窟新图像源流考》，台北《故宫学术季刊》第10卷第4期，1993年，第1-34页）。1998年，施萍婷先生在关于莫高窟四二八窟研究的文章中支持了李玉珉的观点（施萍婷《关于莫高窟第四二八窟的思考》，载《敦煌研究》1998年第1期，第8页）。当然，她们都继承了松本荣一以来的观点，将此身立佛认定为卢舍那法界人中像，从而也就否定了宫治昭将此身佛像认定为"宇宙主释迦佛"的判断（参看前揭宫治昭文中译文《宇宙主释迦佛——从印度到中亚、中国》，第32页）。

④ 朴亨国：《いわゆる人中像という名称について——吉村怜<卢舍那法界人中像の研究>の再检讨》，载《密教图像》第16号，1997年，第78-106页。收入氏著《ヴァイローチャナ佛の图像学的研究》，日本法藏馆，2001年。

⑤ 吉村怜：《卢舍那法界人中像再论——华严教主卢舍那仏と宇宙主的釈迦仏》，载《佛教艺术》第242号，1999年，第27-49页。中译文《再论卢舍那法界人中像——华严教主卢舍那佛与宇宙主的释迦佛》收入前揭氏著《天人诞生图研究——东亚佛教美术史论文集》，第321-337页。

⑥ 吉村怜：《东大寺大仏の仏身论——莲华藏庄严世界海の构造について》，载《佛教艺术》第246号，1999年。

⑦ P. Banerjee, "Vairochana Buddha from Farhad-Beg-Yailaki, Central Asia", *Journal of the Lalit Kala Akademi*, Chandigarh（1996-97）. In P. Banerjee, *Central Asian Art. New Revelations from Xinjiang*, Noida, 2001.

行解读，从而认为这幅刻有三界六道形象的立佛像与弥勒信仰和弥勒净土有关①。林先生的图像解析可谓详尽，但他最大的问题是没有将其他同类图像做通盘考虑，结论难免偏颇，所以林先生的观点基本没有得到学界的呼应。

1998年以来，学者李静杰就此类图像发表了一系列的文章，其基本观点是：此类图像应是卢舍那法界人中像，图像的创作应与华严信仰和华严思想的流行有关，具体而言，图像是莲华藏华严世界海观的表现，因而图像完全是以《华严经》为依据的。他采用的是一种内证的方法，即先将图像局部地与《华严经》文本逐一进行对读，找出每幅图像的经典依据，然后再阐释整幅图像的意义，因而论证颇有说服力②。李静杰因此也成为近年研究此类图像用力最多的学者。

与此同时，台湾学者赖鹏举对4—6世纪塔里木盆地周边的华严义学的传播情况进行了考察，并分析了该地区此类图像遗存与华严义学的关系，将此类图像定性为卢舍那法界像③。2002年，台湾学者颜娟英发表《北朝华严经造像的省思》一文，重新审视了北朝时期的此类造像遗存，对人中像的图像意义是否能够严密地界定表示怀疑，认为“人中像为人中尊像”，并对将此类图像指向华严教主表示怀疑，认为“北齐时期的法身佛并不限于卢舍那佛，法界像也不只限于卢舍那佛”“北朝卢舍那佛形象的研究要结合修行上的念佛见佛与观想法门，以及当时流行的末法思想来考虑，并且与其他经典如《法华经》《涅槃经》等图像的流传结合共同研究才能开拓出更宽广的研究之道。”④显然，在颜先生看来，此类造像的图像来源是多元的，单一指向《华严经》并不合适，从而否定了将此类造像单一指向华严教主卢舍那佛的观点。

2001—2002年，学者殷光明、彭杰也分别发表了相关研究文章。殷光明认同松本荣一的观点，在松本荣一研究的基础上，对敦煌莫高窟现存的此类图像进行了全面梳理，并基于华严思想和《华严经》文本，对佛身图像内容及此类佛像与其他尊像形成的组合关系进行了仔细释证，是迄今所见对敦煌此类图像最为详细的研究⑤。彭杰则主要介绍探讨了近年新疆库车地区新发现的两幅此类图像，认定它们为卢舍那法界像⑥。

笔者目前所见最近的一篇相关研究论文是日本学者大原嘉丰发表的，他最大程度地搜检了现存于（或出自）中国、日本和韩国的属于不同时期的此类图像，认真梳理了以往的相关

---

① 林保尧：《弗利尔美术馆藏北周石造交脚弥勒菩萨七尊像略考——光背僧伽梨线刻素画研究史上的一些问题》，载《艺术学》第15期，台湾艺术家出版社1996年版，第63-94页；同氏《弗利尔美术馆藏北周石造交脚弥勒菩萨七尊像略考——光背僧伽梨线刻素画图像试析之一》，载《艺术学》第17期，1997年，第104-168页；同氏《弗利尔美术馆藏北周石造交脚弥勒菩萨七尊像略考——光背僧伽梨线刻素画图像试析之二》，台湾大学佛学研究中心编《佛学研究中心学报》1999年第4期，第259-295页。

② 李静杰：《卢舍那法界图像》，载《紫禁城》1998年第4期，第17-21页；同氏《卢舍那法界图像研究》，载《佛教文化》增刊，1999年11月；同氏《北齐—隋の卢舍那法界佛像の图像解释》，载《佛教艺术》第251号，2000年（中译文《北齐至隋代三尊卢舍那佛界佛像的图像解释》，载《艺术学》第22期，2006年，第81-128页）；同氏《卢舍那佛界图像研究简论》，载《故宫博物院院刊》2000年第2、3期，第57-69、53-63页；同氏《北朝晚期と隋の卢舍那佛像について》，名古屋大学大学院文学研究科美术史研究室编《美学美术史研究论集》第19号，2001年。

③ 赖鹏举：《四—六世纪中亚天山南麓的华严义学与卢舍那造像》，载《中华佛学学报》第11期，台湾中华佛学研究所，1998年。

④ 颜娟英：《北朝华严经造像的省思》，第三届国际汉学会议历史组编《中世纪以前的地域文化、宗教与艺术》，台湾“中央”研究院历史语言研究所，2002年，第333-368页。

⑤ 殷光明：《敦煌卢舍那法界图像研究之一》，载《敦煌研究》2001年第4期，第1-12页；同氏《敦煌卢舍那法界图像研究之二》，载《敦煌研究》2002年第1期，第46-56页。

⑥ 彭杰：《新疆库车新发现的卢舍那佛像刍议》，载《故宫博物院院刊》2001年第2期，第73-77页。

研究尤其是日本学者的研究，从华严思想传播的背景和地域性对此类图像进行了全面考察，认定其卢舍那法界像的属性①。

综上所述，不难看出，以往对此类图像的研究，虽然间或有其他观点提出，但主要有两派观点，即一派主张卢舍那法界人中像，另一派主张宇宙佛或宇宙主释迦佛像，而以主张前者的学者居多，但是两派似乎均没有彻底说服对方，以致于间或有其他观点提出。笔者主张卢舍那法界人中像，站在这一立场审视以往此种主张者的研究方法，可以看出是一种外证与内证相结合的方法（外证是利用金石著作中的造像记、僧传文献中的相关记载等；内证主要是在华严思想和《华严经》中寻找图像的思想依据和文本依据），这种方法本无不妥，但缜密方面有待补充。此外，持此观点者缺少对对方主要观点的有效回应。循此思路，我们拟在前人研究的基础上，试图进一步完善外证与内证，并试图正面回应对方的主要观点。

按所谓"宇宙佛"或"宇宙主释迦佛"的概念，佛教典籍中未见，金石著作中著录的历代造像记中亦未见。所以即便从理论上讲释迦能够由历史性的色身上升至永恒的法身，从而包含慈悲与智慧及不可思议的神变力量，最终具有了包容宇宙万物的功能，但经典终归没有将这一功能凝炼成一个概念而提出来，给予一个新的命名，即经典中并没有将具有包容宇宙万物功能的法身佛称之为"宇宙佛"或"宇宙主释迦佛"。也就是说，这两个概念终归属于研究者的杜撰（拟名），与佛教典籍和金石文献无法直接对接，所以持"宇宙佛"或"宇宙主释迦佛"说者无法证实他们所提出的概念是否与古人或造像者的称谓一致，从而使持"宇宙佛"或"宇宙主释迦佛"说者无法坐实自己的观点，这无疑是持此说者的致命缺陷。而持"卢舍那法界人中像"说者情况则有所不同。首先，"卢舍那法界人中像"这一称谓见诸金石著作著录的佛教造像记中，所以我们只要能够证明我们所探讨的这类特殊佛像就是金石著作中的"卢舍那法界人中像"，外证即可成功。事实上，"人中像"这一概念在佛教典籍和金石著作著录的造像记中均有提及，在造像记中间或与"卢舍那"连称，而根据新发现的造像榜题，结合旧有的造像题记，似乎可以证实，所谓的"人中像"应是卢舍那佛像的一种特殊形式，全称应作"卢舍那法界人中像"，而其对应的图像应该就是佛身图绘三界六道等形象的这类特殊佛像。

关于"人中像"的记载，以往持不同观点的学者都做过不同程度的梳理，见诸佛教典籍和金石著作的线索如下：

（1）《高僧传·宋余杭方显寺释僧诠传》：

> 释僧诠，姓张，辽西海阳人。……后过江止京师，铺筵大讲，化洽江南。……诠先于黄龙国造丈六金像，入吴又造人中金像，置于虎丘山之东寺。……诠后暂游临安县，投董功曹家。……诠投止少时，便遇疾甚笃，而常见所造之像，来在西壁，又见诸天童子皆来侍病。……明旦果卒。……特进王裕及高士戴颙，至诠墓所，刻石立碑。②

按据《宋书》卷九三《隐逸传·戴颙传》，戴颙卒于刘宋元嘉十八年（441），可知僧诠的人中金像造于公元441年以前。值得注意的是，佛驮跋陀罗于东晋元熙二年（420）译出六十卷本《大方广佛华严经》（以下简称《六十华严》）。

① 大原嘉丰：《"法界佛像"に关する考察》，曾布川宽编《中国美术の图像学》，日本京都大学人文科学研究所，2006年，第473-523页。

② 〔梁〕释慧皎著，汤用彤校注：《高僧传》卷七，中华书局1992年版，第272-273页。

（2）《洛阳伽蓝记》卷二“崇真寺”条：

崇真寺比丘惠凝，死一七日还活……具说：“有一比邱，云是禅林寺道弘，自云：‘教化四辈檀越，造一切经，人中（《法苑珠林》“中”后有“金”字）象十躯。’阎罗王曰：‘沙门之体，必须摄心守道……不作有为。虽造作经象，正欲得他人财物。’”①

（3）《洛阳伽蓝记》卷四“永明寺”条：

时有奉朝请孟仲晖者，武城人也……晖志性聪明，学兼释氏，四谛之义，穷其旨归……遂造人中夹贮（紵）像一躯，相好端严，稀世所有。置皓前厅，须弥宝坐。永安二年中，此像每夜行绕其坐，四面脚迹，隐地成文。②

（4）《鲁思明等造像记》：

大齐天保九年（注：558）岁次戊寅二月八日鲁思明敬造……合邑千人八縤像一区（躯），合有千佛、人中石像两区（躯），宝车一乘……③

（5）《道朏造像记》：

大齐天保十年（注：559）七月十五日，比丘道朏敬造卢舍那法界人中像一区（躯），愿尽虚空边法界一切众生，成等正觉。

王昶跋云：“按此石旧从济宁州普照寺发土得之，石存而像无考矣。后转徙藏于正定佛寺。”④

（6）《□市生造像记》：

大齐武平六□（年）（注：575）岁次乙未年（“年”字疑衍）五月甲寅朔十五日，佛弟子□市生造人中卢舍那像一躯，上为□□帝王、师僧父母、亡过现在，普及一切众生，咸同思□。⑤

另外，新发现的邯郸鼓山水浴寺石窟北齐瘗窟所刻《陆景岂造像记》中也提及造人中像：“□□元字（宗？）景岂，司州临水县人也。……武平四年（注：573）岁次癸巳□丁酉朔十二日戊申，年六十七，卒于邺城之所□。感夫妇之义相敬之重，为造人中像一区

---

① 〔北魏〕杨衒之著，范祥雍校注《洛阳伽蓝记》，上海古籍出版社1999年版，第79-80页。

② 〔北魏〕杨衒之著，范祥雍校注《洛阳伽蓝记》，上海古籍出版社1999年版，第237页。

③ 此据造像记拓片录文，据称拓片出自河南新乡，参看北京图书馆金石组编《北京图书馆藏中国历代石刻拓本汇编》第7册，中州古籍出版社1989年版，第71页。

④ 造像记并王昶跋语，参看〔清〕王昶《金石萃编》卷三三，台湾新文丰出版公司编《石刻史料新编》第一辑第一册，台湾新文丰出版公司1982年版，第579页。

⑤ 造像记铭文参看〔清〕端方《匋斋藏石记》卷十三，《石刻史料新编》第一辑第十一册，第8107页。

（躯），《法华经》一部，石堂一口。以□□易□，丘垄颓灭，故凿石依□□□不□。陆景□”①题记位于窟门外右侧。据铭文分析，该瘗窟当是陆景岂为亡妻所造。窟内正壁正中刻一铺高约60厘米的三尊像，可惜表层已被挖去，难窥其貌②。题记所谓的“石堂一口”当指此瘗窟，正壁的三尊像主尊可能就是题记中的“人中像”。

遗憾的是，关于“人中像”的记载虽有如上线索，但一方面，由于僧传记载过于简略，使我们对造像的具体内容不得其详，另一方面，由于造像记所指称的造像早已不存，我们已无法通过上述造像记而窥知该像的“庐山真面目”，况且造像记的文字也比较简略，所以仅通过以上线索，将我们所考察的这类特殊佛像与这里所谓的“人中像”加以比附显然不合适。但是上述资料尤其是造像记也为我们思考的方向提供了有益的提示。《□市生造像记》称作“人中卢舍那像”，这提示我们，僧传和造像记所谓的“人中像”一般应与卢舍那像相联系。

学界之所以对此类特殊佛像的定名和属性问题争论不休，说到底是因为过去一直没有发现带有榜题的此类特殊佛像遗存，也就是说，一直没有发现像文并存的实物资料，但这种情况因近年新疆地区的新发现而有所改变。1999年5月，一位采药农民在位于新疆库车县境内库车至独山子的217国道旁一个偏僻峡谷的崖壁上发现了一个佛教洞窟，即阿艾石窟1号窟。窟门已坍塌，但窟内尚保存部分壁画和相当数量的汉文题记，北壁绘一铺大型的观无量寿经变，东壁残存五身立佛像。据分析，阿艾石窟1号窟是一座由众多汉人集资，开凿于唐代中期的石窟③。值得注意的是，东壁残存的五身立佛像中，一身立佛的四肢和躯干部分绘满了图像，双臂上绘有天人、双手托日月的四臂阿修罗、奔跑的白象、四足动物等形象。躯干部分的图像自上而下分为五层：其中第一层，即左右肩部，分别绘钟一口、鼓一面；第二层绘有交脚坐佛；第三层绘有束腰形须弥山，山体数条龙缠绕，山下有海水；第四层绘一匹白色的奔马；第五层漫漶不清，仅存交脚坐姿的下半部。双膝绘有男女供养人和武士形象④（图6）。从上述残存的图像内容不难看出，这就是我们所讨论的这类特殊佛像，佛身所绘即人们惯常所谓的“三界六道”图像。非常幸运的是，此像右上方尚存墨书榜题：“清信化弟子冠庭俊敬造卢舍那佛”⑤。这一榜题发现的意义在于，为此类特殊佛像的定名提供了直接根据，依此榜题，此类特殊佛像无疑应当称为卢舍那佛。

上述榜题并非孤例，相同的榜题还见于内地唐代佛教石窟中。如开凿于中唐时期的敦煌莫高窟第449窟西壁龛南侧绘有一身立佛，其双肩、上胸画六座宫殿，胸前为须弥山，上有宫殿，下有海水，周绕山丘，须弥山两侧各一坐佛，腹部以下画面褪色。在该像的左上方有墨书榜题：“南无卢那佛”⑥（图7）。从此身立佛身上所绘图像看，此身佛像也无疑属于我们现在讨论的这类特殊佛像。榜题中“卢”后当脱“舍”字，所以这身立佛实际应名卢舍那佛。这再次证明此类特殊佛像应称作卢舍那佛。

---

① 录文转录自前揭吉村怜《再论卢舍那法界人中像》，第322页。该题记虽然是下注即将提到的《邯郸鼓山水浴寺石窟调查报告》一文最早披露，但远没有吉村氏的录文详细。

② 参看邯郸市文物保管所《邯郸鼓山水浴寺石窟调查报告》，载《文物》1987年第4期，第19-20页；前揭吉村怜《再论卢舍那法界人中像》，第323页。

③ 新疆龟兹石窟研究所《库车阿艾石窟第一号窟清理简报》，载《新疆文物》1999年第3、4合期。

④ 参看前揭彭杰《新疆库车新发现的卢舍那佛像刍议》，第74页。

⑤ 参看前揭彭杰《新疆库车新发现的卢舍那佛像刍议》，第74页。

⑥ 参看前揭殷光明《敦煌卢舍那法界图像研究之一》，第5页；同氏《敦煌卢舍那法界图像研究之二》，第47页；敦煌研究院编《敦煌石窟内容总录》，文物出版社1996年版，第185页。按据《敦煌石窟内容总录》，此窟曾经宋代重修，但观此立佛风格，似仍属唐代。

图6　阿艾石窟一号窟东壁周身彩绘图像的立佛（采自《库车阿艾石窟第一号窟清理简报》）

图7　莫高窟第449窟西壁龛南侧周身彩绘图像的立佛（采自殷光明《敦煌卢舍那法界图像研究之二》，插图1）

有了上述榜题的依据，我们将此类特殊佛像判定为华严教主卢舍那佛应当没有问题。但是如所周知，此类特殊佛像毕竟与普通的卢舍那佛形象有着明显差异，可见这应当是卢舍那佛的一种特殊形象。既是特殊形象，就应该有更具针对性的称谓，以示与普通的卢舍那佛形象的区别。我们认为，这个更具针对性的称谓完整的称呼就是“卢舍那法界人中像”，上述榜题的称谓可视为这一完整称谓的简化形式。

其实，部分持卢舍那法界人中像说的学者也曾注意到上述题记，但为什么仍然没有完全说服其他观点呢？我们认为，原因之一是对上述榜题中的“卢舍那佛”与“卢舍那法界人中像”之间的关系缺乏必要的逻辑论证。

对于本专题的研究而言，罗振玉拓本《北齐武平七年造像记》无疑是一则十分重要的资料，所以自大村西崖刊布以来，一再引起持卢舍那法界人中像说者的重视。《北齐武平七年造像记》略云：“……敬造卢舍那白玉像一区（躯），并有二菩萨。色相纵容，状满月之皎青天；修净分明，若芙蓉之照渌水。神躯恢廓，网罗于法界；四大闲雅，苞含于六道。乃□一句之诵，无遑于异文。瞻仰之人，宁容于眴目。图庙肃肃，法殿巍巍。宝塔俄俄，神房郁郁。穷奇异兽，竞满于伽蓝；名珎磊硌，俱招于此地。可谓难名难辟，无对无双者也……武平七年九月□□……”[①]由此可知，所造像为卢舍那一佛二菩萨三尊像。据“神躯恢廓，网罗

① 录文据大村西崖《支那美术史雕塑篇》，第355-356页。大村注称“罗君拓本”，“罗君”即罗振玉。造像记题名系笔者所拟。

于法界；四大闲雅，苞含于六道”等文字描述，吉村怜认为这身卢舍那佛身上表现有三界六道的法界图像①。这一判断应该没有问题，因为造像记中明确出现了“法界”“六道”等字样。虽然“法界”一词在造像记中常见，“六道”一词在其他造像记中或许也能见到，但所不同的是，这里的“法界”“六道”等具体是指所造像中的法界图像和六道图像，而这种情况在造像记中并不常见。此件造像无疑属于我们讨论的这类特殊造像，但是由于造像已不存，图像的具体内容无法证实。而现在，由于阿艾石窟“卢舍那佛”等造像榜题并图像的发现，为我们推测武平七年（576）造像的具体内容提供了依据。可以肯定，此件造像的具体内容与上述带有榜题的图像应具有相似性，因为前者从造像记的提示看，图像内容应为三界六道图像，后者从实际留存的图像内容看，也属三界六道图像范畴。现在看来，《北齐武平七年造像记》的主要意义在于，不仅向我们提供了确定此类特殊佛像称谓的文字依据，而且向我们提供了确定佛身图像具体内容的文字依据。该造像记的内容，除再次证明此类特殊佛像应名卢舍那佛外，还表明此类特殊佛像佛身图像内容应定性为表现三界六道的法界图像。

阿艾石窟“卢舍那佛”等像文并存资料的发现与上述这件文存像无的资料正好形成互为表里关系，使得此类特殊佛像的属性及佛身图像内容的认定已不容置疑：此类特殊佛像应是卢舍那佛；佛身图像表现的应是三界六道法界图像。

那么，此类特殊的卢舍那佛像又可称之为“卢舍那法界人中像”吗？抑或如前文所指出的那样，上举造像榜题和造像记中所谓的“卢舍那佛”实是“卢舍那法界人中像”的略称？

出自北齐高寒寺的一身石雕立佛像也颇受本专题研究者的重视，该像已不存，现仅存拓片。据拓片所见，立佛所着的通肩袈裟的正面与背面皆满刻图像，其中正面自上至下刻有自天界至六道的法界图像②。所以此件造像也无疑属于我们讨论的这类特殊造像，那么根据前文的分析，此立佛应当称作卢舍那佛。但饶有趣味的是，在该立佛背面下部正中的位置有造像者的造像题记：“法界大象（像）主傅马骑西兖州人”。据此题记，该立佛又被称作“法界像”，也就是说，这种特殊的卢舍那佛像又可称之为“法界像”。

诚然，在没有进行具体论证之前，我们并不能肯定前文所举传世佛教文献及石刻史料和新发现的造像题记中单称“人中像”的造像与上述特殊的卢舍那佛像之间是否存在必然联系，因为没有现存的所谓“人中像”的实物图像资料，但是如前文所述，石刻史料中出现的“人中卢舍那像”的复合称谓，暗示了“人中像”与“卢舍那像”的联系。据此称谓，我们可以肯定，这里所谓的“人中卢舍那像”应是指某种特殊的卢舍那像，在“卢舍那像”前加“人中”予以限定，意在强调此卢舍那像不同于一般的卢舍那像。由此可见，前举传世佛教文献及石刻史料和新发现的造像题记中单称的所谓“人中像”应当就是某种特殊的卢舍那像。但是，这种特殊的卢舍那像是否就是我们所探讨的这类特殊造像呢？前举《道朏造像记》提供了重要线索。

《道朏造像记》称所造像为“卢舍那法界人中像”。这里将“卢舍那”与“法界”并列，属复合称谓，而据前文分析，我们又可称所讨论的这种特殊的卢舍那佛像为“法界像”。那么，道朏所造之像应当就是我们所讨论的这种特殊的卢舍那佛像。那么一方面，我们关于此种特殊的卢舍那佛像又可称为“法界像”的判断在这里得到了印证，另一方面，

① 参看前揭吉村怜《卢舍那法界人中像の研究》，此据中译文《卢舍那法界人中像研究》，第8页；同氏《再论卢舍那法界人中像》，第327页。

② 对此身立佛佛身所刻图像的详细解读，参看前揭李静杰《北齐—隋の卢舍那法界佛像の图像解释》，此据中译文《北齐至隋代三尊卢舍那佛界佛像的图像解释》，第87-99页。

“人中像”与“卢舍那像”的关系也获得索解：“人中像”所指向的某种特殊的卢舍那像就是我们所讨论的这种特殊的卢舍那佛像。那么，所谓“人中卢舍那像”也应该是我们所探讨的这类特殊造像。“卢舍那”“法界”“人中”三词并列，暗示我们所讨论的这种特殊的卢舍那像与“法界像”“人中像”之间是三位一体的关系，这则造像记用了三个词组成的复合称谓指称同一种造像，这种造像就是我们所讨论的那种特殊的卢舍那佛像。

由此可见，我们所讨论的这类特殊佛像或径称卢舍那像，或称“人中像”“法界像”“人中卢舍那像”，或称“卢舍那法界人中像”。不难看出，最后一种称谓应是此类特殊佛像的全称，那么“法界像”“人中卢舍那像”应是“卢舍那法界人中像”的略称。至于“人中像”，至少唐代以前也可视为“卢舍那法界人中像”的略称之一[①]。那么，结合前列第1条文献资料的记载，“卢舍那法界人中像”的最早出现时间不晚于公元441年。

至于这里的“人中”作何解，我们倾向于吉村怜的意见，即“人体之中”或“身体之中”的意思[②]，因为此类造像的主要特点是将图像制作于佛的身体上，这种做法在佛教造像中并不常见，称“人中像”正体现了此类造像的表现特点。佛经中有时将释迦或其他某佛尊称为“人中尊”“人中雄”“人中主”等，这里的“人中”约可理解为“人间”或“人世间”，与“人中像”中的“人中”的含义不同。而将此种佛像又称为“法界像”则与《华严经》的法界缘起思想有关，体现了此类造像的内容特点（详后文）。

以上可视为我们就外证所做的论证。内证方面，即基于《华严经》和华严思想本身的论证，我们拟在前人研究的基础上，在以下几方面做重要的补充论述：

（1）佛身图像是将抽象的华严法界观具体化。

法界观是《华严经》最核心的思想，法界缘起理论正是后来华严宗人对《华严经》这一核心思想的归纳和总结。智俨（602—668）说：“明一乘缘起自体法界义者，不同大乘二乘缘起，但能离执常断诸过等。此宗不尔，一即一切无过不离，无法不同也。今且就此《华严》一部经宗，通明法界缘起。”[③]法藏（643—712）更认为《华严经》是以“因果缘起，理实法界以为其宗。即大方广为理实法界，佛华严为因果缘起。因果缘起必无自性，无自性故即理实法界，法界理实必无定性”[④]。法界缘起理论到清凉澄观时得到进一步地完善和发挥。可见华严宗人准确把握了《华严经》最核心的思想。现代学者也多持此观点[⑤]。

---

① 唐代还出现过所谓的“人中阿弥陁（陀）像”。罗振玉藏拓本《唐开耀元年（681）燕怀王等造像记》云：“大唐开耀元年岁次壬午二月乙丑朔廿日□□，燕怀王上为天皇天后、七代先亡、现在父母，造人中阿弥陁（陀）像一铺五事。夏州都督燕元绍妻秦，息怀远府折冲雄仁妻王，杜魏女阿相，雄息永和县令德徹妻张，女端正、正见，徹息威州□土怀主妻王，女智果，怀息弘献、弘珪、弘璧，女仙妃、仙姬，息弘琰。比丘僧慧寔、弘□，比丘尼智藏、如净，大都监赵州张机，徹女夫上轻车都尉章行满。像主张子□妻马、像主张义素妻偣”（录文参看大村西崖《支那美术史雕塑篇》，大村注“罗君拓本”，第555-556页）由于像已不存，此“人中阿弥陀像”究竟是何种阿弥陀像已无从知晓，因而目前学界也没有比较成熟的看法，看来进一步的解读有待新材料的发现。但根据前文的分析，我们将唐以前出现的单称“人中像”视为“卢舍那法界人中像”的一种略称，应当没有问题。

② 参看前揭吉村怜《卢舍那法界人中像研究》，第5页。

③〔唐〕智俨《华严一乘十玄门》，《大正新修大藏经》（以下简称《大正藏》）卷四五，第514页。

④〔唐〕法藏《华严经探玄记》卷一，《大正藏》卷三五，第120页。

⑤ 如黄忏华总结道：“此经（指《华严经》——引者）以法界缘起理实因果不思议为宗。”黄忏华《华严宗大意》，收入张曼涛主编《现代佛教学术丛刊》第32册《华严学概论》，北京图书馆出版社2005年再版，第25页；镰田茂雄《中国华严思想史の研究》，东京大学出版会，1965年；同氏《中国仏教史》，日本岩波书店1978年版，第246-253页；曹曙红《华严法界缘起思想的核心与特色》，觉醒主编《觉群·学术论文集》第四辑，宗教文化出版社2004年版，第276-287页；业露华《<华严法界观门>略论》，觉醒主编《觉群·学术论文集》第四辑，第335-343页。

法界，梵语达摩驮都（Dharmadhtii），本是佛教的通用术语，诸经论中，名相繁广。“法者，轨持义，任持自性，轨物生解，总之宇宙万有也。”①也就是说，法，泛指宇宙万有一切事物，通常解释为“轨持”，表明万事万物都能保持各自的特性，互不相紊，并按自身的轨则存在和活动。界，含有种族、分齐的意思，表示分门别类的不同事物各有其不同的界限。那么所谓法界，就是诸法的分界，因为诸法各有自体而分界不同。《华严经》所说的法界，是指卢舍那佛所教化的整个世界，是对全部世间和出世间、全部凡圣境界的总括。它既指轮回世界，也指解脱世界；既是本体界，也是现象界；既是可见世界，也是不可见世界②。

深入法界、随顺法界，是《华严经》的一贯旨趣，并被视为菩萨修行成佛的必由之路。该经强调“入于真实妙法界，自然觉悟不由他”③，也就是说，只要能深入法界，便能“自然觉悟”。那么，如何深入法界便成为该经的重要问题，所以约占经文1/4篇幅的《入法界品》就是在描写证入法界的具体表现：文殊是表现般若之智，普贤是表现法界之理，从信位的文殊到智照无二的文殊中间是般若门，后来的普贤一位是法界门。前者是能入之法界，后者是所入之法界，能所冥和，理智不二，究竟能归入卢舍那之果海。这是华严大经的归趋，是证入法界的过程和结论④。所以入法界不仅是全部菩萨修行的集中体现，而且是它的归宿。随顺法界，就是随顺善知识的教诲⑤，《入法界品》中以善财童子到处参拜善知识作譬。《入法界品》所宣扬的主要思想，完全蕴含在前面诸品中，是对华严法界缘起思想的归纳和总结。

华严宗人通过对《华严经》所蕴含的法界缘起思想的归纳，将法界分为四种：①事法界（现象界），指现实世界千差万别的一切现象；②理法界（本体界），指一切万法同一理性，平等如一，没有差别；③理事无碍法界（现象本体相即界），指事法界的诸现象是从理法界的本体所显现出来的，所以现象的世界离理不能独存，理在事外也不能别在。即理由事显，事中含理，相即相入，圆融无碍；④事事无碍法界（现象圆融界），现象即本体，本体即现象，那么一一的诸法都是实在界的显现，举一尘而尽宇宙，举一毫而尽法界，所以说一即一切，一切即一，一多相即，大小互容，重重无尽⑥。而四法界统一于一真法界，所以证入一真法界是修菩萨行的终极目标。

一真法界，按照华严的理论，一即无二，真即不妄，交彻融摄，故曰法界。从本以来，不生不灭，非空非有，离名离相，无内无外，唯一真实，不可思议，故名一真法界。而“如来法身等法界”⑦，也就是说，一真法界就是诸佛平等法身。一真法界是本体，澄观《大方广佛华严经随疏演义钞》卷一曰：“以一真法界为玄妙体。”⑧即以一真法界为玄妙的本体，此乃《华严经》法界缘起思想的要旨。法界诸相，不论是佛、菩萨、阿罗汉、辟支佛，乃至六道众生，都是由一真法界假借诸缘而出生。一真法界与六道众生不一不异：离开一真法界，绝无有六道众生界，因此不一；而众生界由一真法界而出生，因此不异。一真法界与佛、菩

---

① 参看显教《释法界》，收入张曼涛主编《现代佛教学术丛刊》第33册《华严思想论集》，北京图书馆出版社2005年再版，第305页。

② 参看魏道儒《中国华严宗通史》，江苏古籍出版社1998年版，第35页。

③ 《六十华严》卷十二《功德华聚菩萨十行品》，《大正藏》卷九，第472页。

④ 参看李世杰《华严的世界观》，收入前揭《华严思想论集》，第18页。

⑤ 参看前揭魏道儒《中国华严宗通史》，第35-36页。

⑥ 参看前揭曹曙红《华严法界缘起思想的核心与特色》，第278页；李世杰《华严的世界观》，第19页。

⑦ 《六十华严》卷一《世间净眼品第一之一》，《大正藏》卷九，第399页。

⑧ 《大正藏》卷三六，第2页。

萨、阿罗汉、辟支佛等所谓四圣法界构成了体用关系：纵然是佛地的庄严佛身，也必须以一真法界为体，才能显用，离开一真法界也不会有四圣法界。因此也是不一不异。

由此可见，一真法界与其他法界诸相其实是本体与现象的有机统一，圆融无碍；诸法界都是由一真法界假借诸缘而生，所以诸法界离不开一真法界，只有依赖于一真法界才能显现；一真法界能融摄一切诸法界，乃至宇宙万有；一真法界即诸佛平等法身，那么，作为法身佛的华严教主卢舍那佛就成为一真法界的当然代表。

上述理论应当是在卢舍那佛身上制作法界图像的理论根据之一。但是，若按上述华严四法界的理论，法界具象显得比较抽象，欲显法界诸相并不容易。于是为便于操作，工匠们在图像创作时对抽象的华严四法界理论进行了变通，用近似“十法界”的理念进行创作。“十法界”的主要特点是内容具体化，从而使图像创作具有可操作性。

按“十法界”又名“十界”，最早见于《六十华严》卷二一《金刚幢菩萨十回向品》：“佛子，何等为菩萨摩诃萨第十法界等无量回向？”[①]这里既云“第十法界”，则当有“十法界”的概念，否则何来“第十”之说？[②]但是首先将“十法界”的内容系统化的是天台宗的创建者智者大师智顗（538—597），他对“十法界”内容的阐释融汇在他所著的《妙法莲华经玄义》中，概而言之包括：①地狱法界，指触犯上品五逆十恶的罪业，遭受寒热叫唤痛苦煎熬的最下境界；②畜生法界，指触犯中品五逆十恶的罪业，遭受吞啖杀戮痛苦的境界；③鬼法界，指触犯下品五逆十恶的罪业，仍受饥渴痛苦的境界；④阿修罗法界，指因行下品十善，而获得神通自在的境界；⑤人法界，指修五戒及中品十善，感受人中苦乐的境界；⑥天法界，指修上品十善及禅定，生于天界，享受清静妙乐的境界；⑦声闻法界，指众生为了证入涅槃，而依佛陀声教修习四谛观法的境界；⑧缘觉法界，指众生为了证入涅槃，修习十二因缘观的境界；⑨菩萨法界，指为了获得无上菩提，修习六度万行的境界；⑩佛法界，指已证佛果，达到自觉觉他、觉行圆满的法界[③]。地狱法界至天法界被称为六凡法界，属六道轮回的迷妄法界，声闻法界至佛法界被称为四圣法界，属圣者觉悟的法界[④]。

如果将本文所讨论的这件立佛佛身浮雕图像与上述十法界的内容相比较，不难发现大部分可以吻合：自下而上的第一层的地狱道可对应于十法界的地狱法界；第二层的饿鬼道可对应于十法界的鬼法界；第三层的畜生道可对应于十法界的畜生法界；第四层的阿修罗道可对应于十法界的阿修罗法界；第五层的人道可对应于十法界的人法界；第六层的天道可对应于十法界的天法界；第七层的情况较为复杂，如前所述，在偏下的部位沿第六层与第七层的分界线有五身弟子形象，所以第七层下部大体相当于十法界的声闻法界和缘觉法界。而第七层上部，如前所述，以坐佛为主，间见胁侍菩萨，所以第七层上部大体相当于十法界的菩萨法界和佛法界。可见整铺造像六凡法界有明显的界限，而四圣法界之间则没有明确界限，其中原因尚待进一步研究。

① 《大正藏》卷九，第534页上。另外，义净所译《八十华严》和般若所译《四十华严》中都有“十法界”的概念，但是它们都是晚出的译本，这里不以它们为例。

② 按“十”也是《华严经》常用的数量单位。《华严经》与华严宗在述及事物的数量时，常以“十”为单位，如除“十法界”外，还有“十善道”“十不善道”“十住”“十地”“十行”等。“十”是圆满之数或完全之数，喻指无限之数（参看中村元编、林光明译《广说佛教语大辞典》“十”条，台湾嘉丰出版社2009年版，第73页）。

③ 参看李世杰《天台哲学原理》，张曼涛主编《现代佛教学术丛刊》第57册，北京图书馆出版社2005年版，第24-25页；前揭曹曙红《华严法界缘起思想的核心与特色》，第278页。

④ 参看潘桂明、吴忠伟《中国天台宗通史》，江苏古籍出版社2001年版，第138页。

我们将本件造像内容与智顗归纳的十法界的内容相互比照，仅仅是为了便于更准确地归纳图像内容，我们借智顗的归纳，将造像内容看得更加准确。但事实上，如果考虑到此类特殊造像出现的最早年代（公元5世纪初）的话，那么可以肯定，造像的内容比智顗的归纳要早很多。由此我们似乎可以这样判断：此类特殊造像的法界图像的具体内容当是源自《华严经》“十法界”的概念，学界以往在讨论此类特殊造像时惯常使用“三界六道”来描绘佛身图像内容，现在应用“十法界”来描绘则更加确切，因为图像内容更契合十法界的内容；此类特殊造像所展现的十法界内容，对后来天台宗的创立者智顗归纳的十法界的内容，可能有所影响，因为其一，“十法界”概念毕竟源自《华严经》，其二，造像内容与智顗归纳的十法界内容的确比较契合。唯此问题已逾出本文主旨，此不赘论。

综合上述，可以看出，此种特殊佛像的创造，从华严思想的角度看，是对华严思想最核心的部分即华严法界观的图像展示，意在向修行者强调欲修菩萨行必须深入法界的道理。是故此类特殊造像在造像记中又被简称为“法界像”，因为它的内容是以展现法界图像为主。只不过为了使抽象的法界理论具体化，采用的是十法界的表现手法。当然，在不同的造像个体上，是否严格按照十法界的全部内容来表现图像则是不确定的，本文所讨论的这件造像是相对比较完整的表现。不过需要说明的是，十法界图像虽然是佛身图像的主要内容，但并不是全部，如前文所示，佛身图像还包括须弥山、海水、龙等，它们的表现则是基于经文某些重要内容的考虑和修华严禅观的需要。

佛身图像中的须弥山、海水、龙等也是此类特殊造像常见的内容，往往位于佛的胸腹部等重要位置，本文所讨论的这件造像也不例外，具体情况前文已述，此不赘论。这表明，这组图像在此类特殊造像中也很重要。我们同意以往学者的判断，这些内容表现的是所谓莲华藏庄严世界海的景象，图像基本是根据《华严经·卢舍那佛品》创作的，内容与经文的对证前贤已作，此不赘论[①]，但是需要进一步论证。

按“莲华藏庄严世界海”是《华严经》所塑造的佛国世界，也是他教化的整个世界，这个世界是由卢舍那佛修菩萨行而创造出来的。《六十华严·卢舍那佛品》云：

> 尔时普贤菩萨……告一切众言：“诸佛子当知，此莲华藏世界海，是卢舍那佛本修菩萨行时，于阿僧祇世界微尘数劫之所严净。于一一劫，恭敬供养世界微尘等如来，一一佛所，净修世界海微尘数愿行。”[②]

经文又说：

> 此莲华藏世界海中，一一境界，有世界海微尘数清净庄严。……此香水海上，有不可说佛刹微尘数世界性住……法界不可坏，莲华世界海，离垢广庄严，安住于虚空。此世界海中，刹性难思议，善住不杂乱，各各悉自在。平正住庄严，依种种色住，如来世界海，佛刹相随顺。种种身音声，一切佛自在，普见诸世界，种种业庄严。[③]

① 参看前揭李静杰《北齐至隋代卢舍那法界佛像的图像解释》，第88、111-112页。
② 《六十华严》卷三《卢舍那佛品第二之二》，《大正藏》卷九，第412页。
③ 《六十华严》卷三《卢舍那佛品第二之三》，《大正藏》卷九，第414页。

可见莲华藏世界海也是法界，“法界不可坏”，即莲华藏世界不可坏。而且在这一世界中，“有世界海微尘数清净庄严”“有不可说佛刹微尘数世界性住”，说明此世界包容了一切法界，那么莲华藏世界其实就是一真法界，则这个世界就等同于如来法身卢舍那佛。《华严经》将法身佛卢舍那佛等同于一真法界，不免抽象，而将莲华藏世界等同于一真法界，则使一真法界具体起来，从而使修行者有了依凭。

既然证入一真法界是修菩萨行的终极目标，莲华藏庄严世界是法身佛卢舍那佛所居之土，那么，此莲华藏庄严世界自然成为华严修行者的向往之地和终极归宿，他们或将莲华藏庄严世界海作为观想对象，或将莲华藏庄严世界海作为往生之处，北朝后期的华严义僧灵幹（535—612）、唐代华严宗的代表人物智俨（602—668）即是。如《华严经传记·释灵幹传》所载：

> 初，幹志奉《华严》，作莲华藏世界海观及弥勒天宫观。至于疾甚，目精（睛？）上视，不与人对，久乃如常。沙门童真问疾在侧，幹谓真曰：“向见青衣童子引至兜率天宫，而天乐非久，终坠轮回，莲华藏是所图也。”不久气绝，须臾复通。真问：“何所见耶？”幹曰：“见大水遍满，华如车轮，幹坐其上，所愿足矣。”寻尔便卒。①

又同书《释智俨传》载：

> [智俨]精练庶事，藻思多能，造《莲华藏世界图》一铺，盖葱河之左，古今未闻者也。至总章元年，梦当寺般若台倾倒，……俨自觉迁神之候，告门人曰：“吾此幻躯，从缘无性，今当暂往净方，后游莲华藏世界。汝等随我，亦同此志。”②

由此可见，灵幹、智俨不仅将莲华藏庄严世界海作为终极归宿，还基于经文内容制作了莲华藏世界海图像。而制作此种图像一方面也是出于观想的需要。因为莲华藏世界是否存在，最终要以修行者能否“见”到来判断，而最重要、最通行的方法，则是由修习禅定获得神通看到③。那么，通过观想莲华藏世界海图像无疑是最理想的法门，而这恰又能与修“华严三昧”入一真法界统一起来。

依照华严的理论，要想进入一真法界，还必须修“华严三昧”，非由此途无法进入一真法界。所以从实践功能的角度看，十法界图像也是“华严三昧”观行实践的需要。“华严三昧”所要求观想、体验的对象是“事”，而不是“理”，即华严宗人所总结的“直见色等诸法从缘，即是法界缘起也”“见眼耳等事，即入法界缘起中也”④。虽然强调“事”，但也不会执于“事”，因为“理事无碍”，能把握“事”即能把握“理”。华严三昧所体验的法界缘起境界，是以“明多法互入”为核心，明显带有《华严经》所描述的“一身入多身”“须弥纳入芥子”之类的神通境界构想的成分⑤。由此不难看出，我们所讨论的此类特殊佛像身上所表现的法界诸“色像”正符合“华严三昧”观“事”的旨趣，而以佛身展现诸法界的做法正符合“一身入多身”“须弥纳入芥子”的理念，从而契合“华严三昧”的“明多法互入”的特点。因此，十法界图像的实践功能是“华严三昧”的观行对象。

---

① 〔唐〕法藏《华严经传记》卷二《隋西京大禅定寺释灵幹传》，《大正藏》卷五一，第161页。
② 《华严经传记》卷二《唐终南山至相寺释智俨传》，《大正藏》卷五一，第163页。
③ 参看前揭魏道儒《中国华严宗通史》，第31页。
④ 〔唐〕杜顺《华严五教止观》第五“华严三昧门”，《大正藏》卷四五，第512页。
⑤ 参看前揭魏道儒《中国华严宗通史》，第118页。

而莲华藏庄严世界海图像是否也可能展现在佛身呢？首先，它是最关键的一真法界的具体展现，即修行者最终要证入的法界的展现，因而是修行者证入一真法界的最重要的依凭，其重要性对华严修行者不言而喻；其次，它是修行者“得睹莲华藏庄严世界海”①最理想的禅观对象，所以从功能上讲，此图像完全可以与“华严三昧”禅观图像融为一体。如此看来，在此类特殊佛像身上展现莲华藏庄严世界海形象完全是有可能的，也是必须的。这就是我们将此类特殊佛像身上常见的海水、须弥山、龙等元素组合判定为莲华藏庄严世界海的理据。由此我们也可以看出，灵幹等创作的莲华藏庄严世界海图像原本也是渊源有自的，并非绝对的个人创造。因为如果我们确定此类特殊佛像身上有莲华藏世界海的表现的话，那么从我们目前掌握的造像资料看，莲华藏世界海图像早在灵幹创作以前即已出现。

通过以上分析，不难看出，莲华藏世界海图像无论是从华严法界观的角度还是修习华严禅定的角度看，与十法界图像是十分吻合的，从而使佛身整铺图像成为一个有机的整体。若进而考虑到莲华藏世界即一真法界的话，莲华藏世界海图像应是整铺图像不可或缺的。

如果说以上分析主要基于华严学僧证入法界、修习禅定的考虑，那么通过下面的分析，可以看出此类特殊图像对从华严思想出发教化普通信众也十分有用。《华严经》有所谓“十善道”和“十不善道”之说，行“十善”或行“十不善”，果报大异其趣。《六十华严·十地品》云：

> 行十不善道，则堕地狱、畜生、饿鬼；行十善道，则生人处，乃至有顶……若行十善道，清净具足，其心广大无量无边。与众生中，起大慈悲，有方便力，志愿坚固，不舍一切众生。求佛大智慧，净菩萨诸地，净诸波罗蜜。入深广大行，则能得佛十力，四无所畏，四无碍智，大慈大悲，乃至具足一切种智，集诸佛法。是故我应行十善道，求一切智……此十不善道，上者地狱因缘，中者畜生因缘，下者饿鬼因缘。于中杀生之罪，能令众生堕于地狱、畜生、饿鬼。若生人中，得二种果报：一者短命，二者多病。劫盗之罪，亦令众生堕三恶道，若生人中，得二种果报：一者贫穷，二者共财，不得自在。邪淫之罪，亦令众生堕三恶道，若生人中，得二种果报：一者妇不贞洁，二者得不随意眷属……妄语之罪，亦令众生堕三恶道……两舌之罪，亦令众生堕三恶道……恶口之罪，亦令众生堕三恶道……无义语罪，亦令众生堕三恶道……贪欲之罪，亦令众生堕三恶道……瞋恼之罪，亦令众生堕三恶道……邪见之罪，亦令众生堕三恶道……诸佛子，如是十不善道，皆是众苦，大聚因缘。菩萨复作是念：我何故不离是十不善道，行十善道，亦令他人行十善道。如是念已，即离十不善道，安住十善道，亦令他人，住于善道。②

根据上述描述，行“十善道”和行“十不善道”的果报归宿与此类特殊图像所展现的十法界的内容颇为一致：行十善道至少可入四圣法界，因为行十善道能“得佛十力”、能“具足一切种智，集诸佛法”，所以入四圣法界当然没问题，甚至成佛亦不无可能；行十不善道者则大多要堕入地狱、饿鬼、畜生三恶道，即十法界中最糟糕的三个法界，偶生人道（人法界），仍然要遭受不好的果报。这样，行“十善道”和行“十不善道”的果报，皆昭然于此类特殊造像的法界图像之中。那么，此类特殊造像对普通信众的教化功能也就显现出来了。

① 《六十华严》卷二《卢舍那佛品第二之一》，《大正藏》卷九，第405页。

② 《六十华严》卷二四《十地品第二十二之二》，《大正藏》卷九，第549页。

此外，此种特殊的法界图像可以与普通信众受持、讽诵、书写《华严经》形成互动效果。《华严经传记》记载的两则故事颇能说明问题，其一云：

文明元年（注：684），京师人姓王，失其名，既无戒行，曾不修善。因患致死，被二人引至地狱门前。见有一僧，云是地藏菩萨，乃教王氏诵一行偈。其文曰："若人欲求知，三世一切佛，应当如是观，心造诸如来。"菩萨既授经文，谓之曰："诵得此偈，能排地狱。"王氏尽诵，遂入见阎罗王。王问此人有何功德，答云："唯受持一四句偈"。具如上说，王遂放免。当诵此偈时，声所及处，受苦人皆得解脱。王氏三日始苏，忆持此偈，向诸沙门说之。参验偈文，方知是《华严经》第十二卷《夜摩天宫无量诸菩萨云集说法品》。①

其二略云：

雍州万年县人康阿禄山，以调露二年（注：680）五月一日，染患遂亡。至五日将殡载至墓所……禄山果苏。起载至家中，自说被冥道误追。在阎罗王前……见东市药行人阿容师。师去调露元年患死，为生时煮鸡子，与七百人入镬汤地狱。先识禄山，遂凭属曰："吾第四子行证，稍有仁慈，君为我语之，令写《华严经》一部，余不相当。若得为写，此七百人，皆得解脱矣。"[禄]山后……往东市卖药阿家，以容师之言，具告行证。证大悲感，遂于西大（太）原寺法藏师处，请《华严经》，令人书写。初自容师亡后，家人寂无梦想。至初写经之夕，合家同梦其父来，喜畅无已。到永隆元年（注：680）八月，庄严周毕，请大德沙门庆经设供，禄山尔日亦在会中。乃见容师等七百鬼徒，并来斋处，礼敬三宝，同跪僧前，忏悔受戒，事毕而去。②

第一则故事旨在强调讽诵《华严经》能获得"排地狱"的善报，哪怕只诵其中一偈，无论诵者和听闻者都能解脱地狱之苦；第二则故事则旨在强调书写《华严经》同样可以获得地狱救赎的强大功效——七百鬼徒一时解脱。可见受持、讽诵、书写《华严经》能获得解脱地狱的无上果报，这当然是出于华严僧人的宣传，但对普通信众自然会产生潜在的影响。那么，此种特殊的图像中的六道场景特别是地狱场景在依照华严的法界理念表现"六凡法界"的同时，似乎也在向普通信众昭示奉持《华严经》对地狱解脱的强大威力——展现在面前的地狱场景虽然恐怖，但只要讽诵、书写《华严经》，即能获得解脱，那么平日自然应该多讽诵、书写《华严经》——从而使此种特殊的法界图像与普通信众受持、讽诵、书写《华严经》形成互动效果。

由此可见，按照十法界的理念创作的此种法界图像，不仅达到了凸显《华严经》的核心思想——华严法界观的目的，还将华严学僧修行的需要与基于华严思想对普通信众实施教化的需要巧妙地结合了起来，从而面对同样的图像，僧俗可以各取所需。

那么，接下来需要考虑的问题是，此种"身中现色像"的表现方式的理论依据是什么？

的确，《华严经》中一再强调如来身中能现诸"色像"，即诸法界："无尽平等妙法界，悉皆充满如来身"③；"十方三世佛所得，一切菩萨方便行，悉于如来身中现，而与佛身

① 《华严经传记》卷四《讽诵第七》，《大正藏》卷五一，第167页。
② 《华严经传记》卷五《书写第九》，《大正藏》卷五一，第171页。
③ 《六十华严》卷一《世间净眼品第一之一》，《大正藏》卷九，第397页。

无分别。佛身如空不可尽，无相无碍普示现”[①]；“法身于世难思议，如来普现应众生……法身示现无真实，出身自在如是现”[②]；“如来法身甚弥旷，周遍十方无涯际”[③]；“十方三世诸如来，于佛身中现色像”[④]；“一切刹土及诸佛，在我身内无所碍。我于一切毛孔中，现佛境界谛观察”[⑤]。可见，这种表现方式首先来自《华严经》“如来身中现色像”的一再提示，这里的如来其实指的是法身佛卢舍那佛，上引经文中已明确提示。但是，如来身中为什么能“现色像”呢？换句话说，图像表现“如来身中现色像”情景的理论根据究竟是什么呢？

我们认为，根据《华严经》的理论，理论根据主要有以下两点：

①前文已指出，卢舍那是法身佛，是一真法界的象征，而一真法界包容诸法界（“四法界”或“十法界”），包容宇宙万有。那么，法身佛卢舍那自然能包容诸法界，乃至宇宙万有，其身中自然可以“现色像”。虽然法身思想和法身佛信仰并不仅限于卢舍那佛，如《法华经》中也有宣传法身思想，但毫无疑问，《华严经》对法身思想的宣传是最为突出的，通过这样的宣传，法身佛已达到至高无上的地位。那么，法身佛所具有的包容诸法界、包容宇宙万有的不思议功能最有可能由《华严经》推重的法身佛卢舍那佛佛身来展现。

②空间（大小）无碍原理。《华严经》称：“设使一微毛端处，有不可说诸普贤，彼诸一切普贤等，说不可说不能尽。如一微细毛端处，十方世界亦如是。于彼一一毛端处，置不可说诸佛刹，毛端能量虚空尽，而说佛刹不可尽。于彼一一毛道中，种种无量诸佛刹。”[⑥]这几句话的意思是说，在一个毛孔里面有三千大千世界，有无量无尽的法界。这样的表述在《华严经》中随处可见，这就是《华严经》的空间（大小）无碍理论。《华严经》认为，一切诸法，都有具足先天的一切众德，无有所缺，所以一一的诸法，都是一种绝对的表现。个体之中，包含整个宇宙，一粒芥子，包藏天地万有，一毫之端，显出大千世界。而大千世界、宇宙不缩小，小的芥子也不膨胀、扩大。这就是空间（大小）无碍，其实是讲空间无自性，即空间（大小）是虚妄的，是不存在的[⑦]。既然空间（大小）是虚妄的，既然个体之中可包含整个宇宙，既然一粒芥子可包藏天地万有，一毫之端可显出大千世界，那么从法身佛卢舍那躯体上显现出一切法界乃至整个宇宙，则再自然不过了。

可见，此种图像的制作，从《华严经》理论的角度看，有着充分的理论根据。但是，“身中现色像”似乎并非卢舍那佛的专利，所以持宇宙主释迦佛说者认为，身中“现色像”者不一定就是卢舍那佛。因此，这里必须对身中“现色像”问题再单独进行讨论。

（2）于身中“现色像”、现宇宙万有虽非卢舍那佛的专利，但是目前没有其他造像的实物证据。

持宇宙主释迦佛说者强调“身中现色像”者不是卢舍那佛而是释迦佛的最有力证据是出自《妙法莲华经》卷六《法师功德品》中世尊对常精进菩萨说的一段偈语：

---

① 《六十华严》卷一《世间净眼品第一之一》，《大正藏》卷九，第399页。

② 《六十华严》卷一《世间净眼品第一之一》，《大正藏》卷九，第400页。

③ 《六十华严》卷一《世间净眼品第一之一》，《大正藏》卷九，第400页。

④ 《六十华严》卷二《世间净眼品第一之二》，《大正藏》卷九，第403页。

⑤ 《六十华严》卷三《卢舍那佛品第二之二》，《大正藏》卷九，第409页。

⑥ 《六十华严》卷二九《心王菩萨问阿僧祇品第二十五》，《大正藏》卷九，第586页。

⑦ 参看前揭李世杰《华严的世界观》，第28页；张澄基《华严境界与华严哲学》，收入前揭《华严思想论集》，第39-40页。

若持法华者，其身甚清净，如彼净琉璃，众生皆憙见。又如净明镜，悉见诸色像，菩萨于净身，皆见世所有。唯独自明了，余人所不见。三千世界中，一切诸群萌，天人阿修罗，地狱鬼畜生，如是诸色像，皆于身中现。诸天等宫殿，乃至于有顶，铁围及弥楼，摩诃弥楼山，诸大海水等，皆于身中现。诸佛及声闻，佛子菩萨等，若独若在众，说法悉皆现。虽未得无漏，法性之妙身，以清净常体，一切于中现。①

这里身中所现的内容如果套用十法界的概念的话，的确包含了十法界的内容：从六凡法界的天、人、阿修罗、鬼、畜生、地狱法界，到四圣法界的声闻、菩萨、佛法界等都现于身，还有宫殿、须弥山、海水等也现于身。可见这里身中所现的内容几乎涵盖了宇宙万有，与我们所讨论的此类特殊佛像身中所现内容基本一致。不过，根据经文的表述，这些图像是菩萨在受持法华者的“净身”上见到的，所以这里的“身”指的是受持法华者之身，与佛身没有关系，自然不是释迦之身。②

但无论如何，这提示我们，在大乘佛教传统中，于身中“现色像”、现宇宙万有并非卢舍那佛的专利。我们也注意到，有时菩萨通过神通力、智慧力和禅定力，也可使身中现法界诸相乃至宇宙万有。《六十华严·十地品》：

是菩萨或……于自身中，现无量佛，无量佛土庄严事；于自身中，示一切世界城坏事……或以无量无边世界，为一海水，此海水中，作大莲华形，色光明遍无量无边世界，于中示菩提树庄严妙事，乃至示得一切种智。或自身中，现一方世界摩尼宝珠，日月星宿，一切光明，乃至十方所有光明，亦复如是。或示十方世界水劫尽、风劫、火劫尽，而众生身随意庄严。或于自身示作如来身，如来身示作自身，如来身作己佛国，己佛国作如来身。佛子，菩萨摩诃萨，在发云地，神变如是。③

同经同品：

时诸大众……净居天等，皆自见知，入金刚藏菩萨身中。于其身内，见三千大千世界庄严众事，若满一劫说不可尽。于中见佛道场树，其茎周围十万三千大千世界，高百万三千大千世界，覆三千亿三千大千世界。称树高广，有师子座，其座上有佛，号一切智王如来。一切大众，咸见佛坐在座上，其中所有庄严上妙供养之具，满一劫说亦不可尽。金刚藏菩萨示现如是大神力已，还令大众各在本处，一切众会生希有想。④

而释迦佛有时也能于身中“现五趣身”“现三千大千世界微尘等身”。如《大方广佛报恩经》卷一《孝养品》：

尔时释迦如来，即从座起升花台上，结加趺坐即现净身。于其身中现五趣身，一一趣身有万八千种形类。一一形类现百千种身，一一身中复有无量恒河沙等身。于四恒河沙等一一

① 《大正藏》卷九，第49页。

② 学者们已正确指出这里的“身”非释迦之身，参看前揭吉村怜《再论卢舍那法界人中像——华严教主卢舍那佛与宇宙主的释迦佛》，第330页；前揭李静杰《北齐至隋代三尊卢舍那佛界佛像的图像解释》，第85页。

③ 《六十华严》卷二七《十地品第二十二之五》，《大正藏》卷九，第573页。

④ 《六十华严》卷二七《十地品第二十二之五》，《大正藏》卷九，第574页。

图8 克里希那的宇宙形体，袖珍画，出自拉贾斯坦邦（Rajasthan），约公元8世纪（采自P. Banerjee, New Light on Central Asian Art and Iconography, pl. 15）

身中，复现四天下大地微尘等身。于一微尘身中，复现三千大千世界微尘等身。于一尘身中，复现于十方一一方面各百千亿诸佛世界微尘等数身。乃至虚空法界不思议众生等身。①

可见，身中“现色像”、现宇宙万有的理念既非《华严经》的独创，也非《华严经》独有。依照上引经典内容，《法华经》的受持者身中可以现色像，甚至能显现与我们所讨论的此类图像十分相似的内容；菩萨有时通过神通力、智慧力和禅定力等，也可使己身现色像；释迦也能“于其身中现五趣身”等色像。②

事实上，迹象表明，身中“现色像”、现宇宙万有的观念也并非大乘佛教独创，当渊源于古印度哲学和神学的理论。早期婆罗门或吠陀宗教的泛神论理论认为，造物主不仅是万神之神，而且能包容万事万物，这一泛神论理论在后期吠陀文学中得到进一步发展，直到在吠

① 《大正藏》卷三，第127页中。

② 颜娟英先生从受持《法华经》的角度已指出，于其身中现色像者，能现三千大千世界者，不只限于释迦佛，也不是特指卢舍那佛，无疑是正确的。参看前揭氏著《北朝华严经造像的省思》，第342页。

檀多（Vedānta）哲学中最后定型[①]。在《薄伽梵歌》（Bhagavadgītā）中，薄伽梵克里希那（Krishna，即主、黑天、《吠陀经》中的毗湿奴）被认为能包容宇宙万有，其神身与宇宙为一体，宇宙是其幻化而成。在《薄伽梵歌》第九章中克里希那向阿周那（Arjuna，即《薄伽梵歌》中与克里希那对话的王子）展现了他与宇宙为一体的神身，并对阿周那说："全宇宙尽我所充，而茫茫不显我形，那万有均涵于我内，我却不涵于万有之中……我是这个宇宙的父母，也是宇宙的浮载者和先祖。"[②]在第十一章中，克里希那应阿周那的请求展现了他的宇宙形体，并对阿周那说："整个宇宙成为一个整体，动静之物均由它所包容，现在就请您仔细观看！想见之物都在我的形体之中。"[③]基于这样的理论，产生了在大梵克里希那身体上显现宇宙万有的造型艺术，人们将它称之为"克里希那的宇宙形体（Visvarūpa）"，此种造像遗存在印度至今还能见到（图8）。因此，我们有理由相信，大乘佛教中身中"现色像"乃至现宇宙万有的观念及其图像祖形均出自印度古典哲学和神学理论及其伴生的造型艺术。

有了上述认识，我们对何以不同的大乘经典中均出现身中"现色像"，乃至现宇宙万有的说辞有了进一步的理解：主要原因是它们有着共同的思想源头——借鉴了印度古典哲学和神学中的相关理论。因此，在佛教语境中，从理论上讲身中"现色像"、现宇宙万有不可能是《华严经》或卢舍那佛的专利，释迦、菩萨甚至受持某经者其身都有可能现种种妙像。

但是，理论上虽然使多种类型的身中"现色像"的造像的存在成为可能，却不一定都付诸了造像实践。传世文献及石刻材料中的造像记中从未见提及造身中"现色像"的释迦像、菩萨像乃至受持佛经者的神变像，也从未见提及造"宇宙佛"或"宇宙主释迦佛"，这样的称呼，如前所言，显然是研究者的拟名。从现存的造像资料看，身中"现色像"的菩萨像乃至受持佛经者的神变像根本未见，而现存造像资料中的身中"现色像"的佛像，并没有榜题提示为释迦像或释迦神变像，恰恰相反，却有卢舍那佛的榜题。因此，在没有发现"宇宙佛""宇宙主释迦佛"、释迦像或释迦神变像等榜题以前，此种身中"现色像"，乃至现宇宙万有的佛像，只能认定为卢舍那佛造像的一种特殊形式，即卢舍那法界人中像。

（3）宇宙佛的属性并非神变后的释迦独有，卢舍那佛也具有宇宙佛的属性。

持宇宙主释迦佛说者的一个重要观点就是神格化的释迦、神变后的释迦具有宇宙佛的属性，因而其身显现出宇宙万有的图像。那么在持宇宙主释迦佛说者看来，似乎只有神变后的释迦才有宇宙佛的属性，因而似乎只有神变后的释迦身上才能显现宇宙万有的图像。但事实上，宇宙佛的属性并非神变后的释迦独有，卢舍那佛也具有宇宙佛的属性。

其实，早在何恩之提出宇宙主释迦佛的观点以前，班纳尔吉就已指出卢舍那佛具有宇宙佛的属性，这一见解很重要，可惜没有引起持卢舍那说者的重视。班纳尔吉指出，卢舍那佛不受时间和空间的限制，他是永恒的本源，是包括其他佛、菩萨在内的其他一切事物的化身，因而具有宇宙佛属性；他认为，卢舍那佛的宇宙佛属性同样渊源于印度婆罗门教或吠陀宗教的神学理论，并进而认为，《薄伽梵歌》中的克里希那的宇宙形体为大乘佛教徒构造卢舍那佛的宇宙特性提供了一个范式；他还引用日本真言宗的教义加以论证[④]。摩诃毗卢遮那

① 参看前揭P. Banerjee, "Vairochana Buddha from Central Asia", p. 21.

② 参看张宝胜译《薄伽梵歌》第九章《王学王秘瑜伽》，中国社会科学出版社1989年版，第103-106页。另参［印度］室利·阿罗频多著徐梵澄译《薄伽梵歌论》附《薄伽梵歌》第九章，商务印书馆2009年版，第619-622页。

③ 参看张宝胜译《薄伽梵歌》第十一章《呈现宇宙形貌瑜伽》，第128页。另参徐梵澄译《薄伽梵歌论》附《薄伽梵歌》第十一章，第638页。

④ 参看前揭P. Banerjee, "Vairochana Buddha from Central Asia", pp. 21-22.

（Mahāvairochana）崇拜是日本真言宗的主要教义，真言宗教义认为，摩诃毗卢遮那佛的身体构成了整个宇宙，其身是由地、水、火、风、以太或生命力及意识等六种元素构成的①。摩诃毗卢遮那佛与卢舍那佛同源，所以，以班纳尔吉举真言宗的摩诃毗卢遮那佛为例当然是有效的。

不过，从本文前面的论述中，我们已经能充分感觉到卢舍那佛的宇宙佛属性了：卢舍那佛是法身佛，是一真法界的象征，而一真法界包含了所有法界，乃至宇宙万有，所以卢舍那佛具有宇宙佛属性是显而易见的。

我们还注意到，卢舍那佛的宇宙佛属性还被其他宗教加以利用，如卢舍那曾被摩尼教用来称呼光耀柱②。翁拙瑞（P.Bryder）指出："卢舍那肯定是光耀柱的一个合适的名字，他被定义为'属于或来自太阳''光明'。"刘南强（SamuelN.C.Lieu）也指出："我们从中亚和中国摩尼教文献中得知，Vairocana（汉文佛经：毗卢遮那；汉文摩尼教文献：卢舍那；突厥语：Lušyanta）被等同于光耀柱，光耀柱是摩尼教第三次召唤中的一个神祇，他也与受难耶稣（Jesuspatibilis）意味相同，即囚禁在物质中的光明分子的总合，其象征是光明的十字架。"③由此不难看出，卢舍那被摩尼教比附为光耀柱毫无疑问仍因袭了卢舍那"光明遍照"的本意，不尽如此，卢舍那佛的宇宙佛属性也被摩尼教继承并进一步发挥。这在德藏吐鲁番出土的突厥语摩尼教文书TID200中有清楚的表述：

> 卢舍那佛身（lu yanta burxan öz）是万事万物：土地、山峦、石头、沙砾、海边和河里的水、所有的水塘、水道和湖泊、所有的树木、所有的生物和人类。卢舍那身无所不在，遍一切处。④

这里虽然没有明说卢舍那就是宇宙的化身，但说他就是万事万物，这其实与宇宙的化身是一个意思。在中国化程度更深的摩尼教——明教中也有类似的表述，饶宗颐先生在《穆护歌考》一文中援引了《海琼白真人语录》中有关明教的史料。海琼白真人即白玉蟾，本名葛长庚，南宋时人。他在回答弟子彭耜的提问时提到明教的教义：

> 彼之教有一禁戒，且云尽大地、山河、草木、水火，皆是毗卢遮那法身，所以不敢践履，不敢举动。然虽如是，却是在毗卢遮那法身外面立地。且如持八斋、礼五方，不过教戒使之然尔。⑤

① 参看M. Anesaki, *History of Japanese Religion: with Special Reference to the Social and Moral Life of the Nation*, Rutland, Vt.: C.E.Tuttle Co., 1963, pp.124-125.

② 参看马小鹤《摩尼教"光耀柱"和"卢舍那佛身"研究》，原载《世界宗教研究》2000年第4期，收入氏著《摩尼教与古代西域史研究》，中国人民大学出版社2008年版，第136-148页。

③ P.Bryder, *The Chinese Transformation of Manichaeism: A Study of Chinese Manichaean Terninology*, Löberöd, 1985, p.113; Samuel N.C.Lieu, *Manichaeism in the later Roman Empire and Medieval China: A Historical Survey*, Manchester, 1985, p.209. 转引自前揭马小鹤《摩尼教"光耀柱"和"卢舍那佛身"研究》，第143页。

④ Bang, W.& von Gabain, *Turkische Turfantexte v. SPAW*, 1931, pp.334-335; H.-J.Klimkeit, "Vairocana und das Lichtkreuz: Manichäsche Elemente in der Kunst von Alchi (West-Tibet)", *Zentralasiatische Studien*, XIII (1979), pp.257-298. 此据前揭马小鹤《摩尼教"光耀柱"和"卢舍那佛身"研究》，第143页。

⑤ 〔宋〕谢显道编：《海琼白真人语录》第一卷，收入《道藏》第1016册（弁上），台湾艺文印书馆1963年版；饶宗颐：《穆护歌考——兼论火祆教入华之早期史料及其对文学、音乐、绘画之影响》，载氏著《选堂集林·史林》卷中，香港中华书局1982年版，第501页。

9-a 立佛

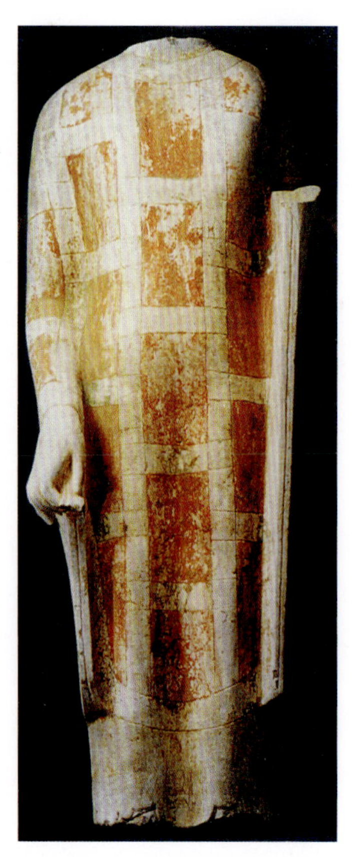

9-b 立佛佛身

9-c 立佛半身

图9　青州北齐石佛像举例，青州龙兴寺出土（采自青州市博物馆编《青州龙兴寺佛教造像艺术》）

这里说大地、山河、草木、水火等皆是毗卢遮那法身，实际上等于说宇宙万物皆毗卢遮那所化现，毗卢遮那法身即等同于宇宙。

可见，卢舍那佛的宇宙佛属性是显而易见的，也是被广泛认可的，这一属性甚至影响了摩尼教乃至明教的教义。由是我们得到这样一条重要启示：宇宙佛的属性并非神变后的释迦独有。

明白了这一点，再回头检视持宇宙主释迦佛说者的观点，其存在的问题不言而喻：既然宇宙佛的属性并非神变后的释迦的专利，那么身中“现色像”乃至现宇宙万有的佛像当然就不能直接与释迦画等号了。

二、造像的年代、地域及北齐山东地区的卢舍那法界人中像

（一）年代

本件造像现存部分没有任何文字信息，而基座已失，其上是否留有造像记已不得而知，因而本件造像年代不明。初始介绍文字将其定为魏[1]，盖指北魏，但从造像风格看，应是北齐作品。

① 前揭首次披露这批造像的《本所消息——本所新购入大批古物》介绍造像中有“魏轮回造象一”，即此身造像。

如前所述，本件立佛为单体圆雕，身量比较高大，身躯平直，面相虽已模糊不清，但仍可看出口部较小，嘴角凹陷。发髻为螺发，且肉髻低平。着圆领通肩袈裟，佛衣贴体，下摆不外侈，使身体呈直筒状。此外，本件立佛原配有可装卸的头光。这不免使我们想起青州北齐石佛像的主要特征：青州北齐石佛像也以单体圆雕立佛为主，身量一般也比较高大，身体也较平直。佛衣也以通肩式为主，佛衣紧窄，轻薄贴体，隐现躯干。佛衣下摆也不外侈，使身体呈直筒状。发髻以螺发为主，肉髻低矮，以致肉髻与头顶没有明显界限。面短而腮微鼓，口小唇薄。此外，脑后带有圆形头光也是青州北齐石佛像的特点之一（图9）①。

两相比较不难看出，本件立佛的造像风格十分接近青州北齐石佛像，因此我们将本件立佛的造像年代定为北齐时期当无大误。

（二）地域

这里的地域是指本件造像的原产地。我们既确定了本件作品的年代，那么判定其原出自北齐境内也应该没有问题，但具体出自哪个区域则须进一步考察。从目前发现的出自北齐境内且为北齐时期所造的此类特殊佛像的分布情况看，河南、河北、山东均有，而以山东居多②。我们注意到，青州北齐石佛像中也有数件此类特殊佛像，只不过身体图像是以彩绘的形式表现的③。那么再考虑到本件立佛的造像风格与青州北齐石佛像十分接近的情况，似乎可以将本件的地域确定在山东地区。

但是有一个问题需要解决，那就是青州系造像主要是以当地出产的青石灰石为原料，而本件立佛的原料则为白色的大理石（即通常所说的汉白玉），而白色大理石山东地区造像中少见，身量如此高大的白色大理石造像更是罕见。我们知道，北齐时期汉白玉造像的中心产地在河北定州，这已为20世纪50年代定州曲阳出土的大量白石造像所证实，学者们将其称为定县样式造像或定州系造像④。所以，若单以造像材质论，这件造像出自河北的可能性很大。但是这件造像的风格与北齐定州系造像的风格差异较大：定州系北齐造像以背屏式组合造像为主，少见单体圆雕，身量一般较小。佛像流行素面发髻，肉髻较大，呈馒头状。佛身丰满浑厚，多鼓腹。佛衣主要流行双垂式，且显宽大，下摆外侈，褒衣博带式风格仍很明显⑤。由此可见，无论将这件造像的地域定为山东还是河北都有抵牾之处。

不过，笔者以往在对青州北齐石造像进行考察时，曾注意到在北齐时期，青州系造像与定州系造像在山东西北部的惠民、高青、博兴等地形成了一个交汇地带。这个地带的造像无论风格还是材质，均受到两大造像系统的影响：一方面受到青州系造像的影响；另一方面，由于靠近河北，又受到定州系造像的影响。具体而言，在这一地带，既能见到用青石灰石雕造的属典型的青州系造像的单体圆雕造像，又能见到用青石灰石雕造的带有定州系因素的背屏式组合造像；既能见到用汉白玉雕造的属典型的定州系造像的背屏式组合造像，又能见到用汉白玉雕

① 参看姚崇新《青州北齐石造像再考察》，载《艺术史研究》第七辑，中山大学出版社2005年版，第310-311页。

② 有关北齐时期所造此类特殊佛像的信息，后文还将梳理。

③ 参看台北故宫博物院编《雕塑别藏——宗教编特展图录》，台湾台北故宫博物院1997年版，图29；青州市博物馆编《青州龙兴寺佛教造像艺术》，山东美术出版社1999年版，图127、137、139。

④ 发掘简报参看罗福颐《河北曲阳县出土石造像清理工作简报》，载《考古通讯》1955年第3期；李锡经《河北曲阳修德寺遗址发掘记》，载《考古通讯》1955年第3期。对这批造像的研究，较重要的成果可参看杨伯达《曲阳修德寺出土纪年造像的艺术风格与特征》，载《故宫博物院院刊》总第2期，1960年；同氏《埋もれた中国石仏の研究——河北曲陽出土の白玉像と編年銘文》（松原三郎译），东京艺术，1985年；松原三郎《北斉定県様式の白玉像》，氏著《增订中国佛教雕刻史研究》，东京吉川弘文馆，昭和四十一年（1966）；李静杰、田军《定州系白石佛像研究》，载《故宫博物院院刊》1999年第3期；同氏《论定州系白石佛像》，载《艺术史研究》第六辑，2004年等。

⑤ 参看前揭姚崇新《青州北齐石造像再考察》，第321页。

造的带有明显青州系造像特征的单体圆雕造像（如博兴出土的单体圆雕造像中，除使用本地传统的青石灰石外，还出现了汉白玉，而二者造像风格一致，均可归入青州系北齐造像系统）①。

关于这个交汇地带，从本文所讨论的这件造像的角度最值得关注的就是，这一地带出土的用汉白玉雕造的具有典型青州系造像风格的单体圆雕造像，因为本文的这件造像就属此种类型。而就目前出土佛教造像资料所及，用汉白玉雕造的青州系风格的单体圆雕佛像仅见于这一交汇地带。因此，在没有新的造像资料发现以前，我们暂时将本文所讨论的这件立佛的原产地域划定在山东西北部的这一交汇地带②。那么，本件造像可视为青州系造像与定州系造像在这一区域相互影响的产物。

最后需要指出的是，北齐时期，用汉白玉造卢舍那法界人中像本件并非孤例，前揭《北齐武平七年造像记》称“……敬造卢舍那白玉像一区（躯）”，可见此件亦属汉白玉造像。只是该件造像风格已无从知晓，故而其原产地也无从判明。

（三）北齐山东地区的卢舍那法界人中像

在迄今所发现的所有卢舍那法界人中像造像资料中，北齐时期的卢舍那法界人中像最值得关注，因为目前所见卢舍那法界人中像造像资料多属北齐时期。现将北齐卢舍那法界人中像造像资料列表如下：

北齐卢舍那法界人中像造像资料一览表

序号	年代	出土地点	造像记	资料出处	备注
1	天保九年(558)	河南新乡？	大齐天保九年（558）岁次戊寅二月八日鲁思明敬造……合邑千人八縿像一区（躯），合有千佛、人中石像两区（躯），宝车一乘……	《北京图书馆藏中国历代石刻拓本汇编》第7册，71页	石造像，像已失，仅见造像记拓片
2	天保十年(559)	山东济宁	大齐天保十年（559）七月十五日，比丘道朏敬造卢舍那法界人中像一区（躯），愿尽虚空边法界一切众生成等正觉。	《金石萃编》卷三	造像已失，仅见金石著作所录造像记

① 参看前揭姚崇新《青州北齐石造像再考察》，第315-318、322-324页。

② 值得注意的是，这一交汇地带北齐时期也是卢舍那造像比较活跃的地区，在1990年博兴新出土的一批北朝佛教造像中，卢舍那造像达4件之多（像均已失，仅存像座和造像记），其中3件有明确纪年，均为北齐时期。这3件北齐造像分别是：天统元年（565）成天顺造卢舍那像；武平四年（573）李禹泙造卢舍那像；武平四年刘贵造卢舍那像（参看博兴县文物管理所《山东博兴县出土北朝造像等佛教文物》，载《考古》1997年第7期，第29-30页）。此外，1976年博兴龙华寺遗址还出土过一件北齐武平元年（570）苏慈造卢舍那像（仅存像座和造像记，参看常叙政、李少南《山东省博兴县出土一批北朝造像》，载《文物》1983年第7期，第38-44页）。同在1976年，高青的一处古寺院遗址也出土过一件北齐天统四年（568）谢思祖夫妻所造卢舍那像（参看常叙政、于丰华《山东省高青县出土佛教造像》，载《文物》1987年第4期，第31-34页）。这些题名为“卢舍那”的造像，可能主要是以普通的卢舍那佛形象出现的，但不能排除其中也包括了我们所讨论的这类特殊的卢舍那像，因为前文已指出，此类特殊的卢舍那像在造像题记中有时也径称卢舍那像。

续表

序号	年代	出土地点	造像记	资料出处	备注
3	武平四年(573)	河北邯郸	……武平四年(573)岁次癸巳□丁酉朔十二日戊申……为造人中像一区(躯)……陆景□(岂)	《文物》1987年第4期，第19-20页；吉村怜《再论卢舍那法界人中像》，第323页	石窟造像，像已损毁
4	武平六年(575)	不详	大齐武平六□(年)(575)岁次乙未年("年"字疑衍)五月甲寅朔十五日，佛弟子□市生造人中卢舍那像一躯……	《匋斋藏石记》卷十三	造像已失，仅见金石著作所录造像记
5	北齐	河南	法界大像主傅马骑，西兖州人	水野清一《いわゆる华严教主卢舍那佛の立像について》	石造像，像已失，仅有造像记拓片藏于京都大学
6	北齐	山东青州	无	《雕塑别藏——宗教编特展图录》，图版29	石造像，台湾财团法人震旦文教基金会藏。头已残失，佛身彩绘佛、菩萨、地狱等图像
7	北齐	山东青州	无	《青州龙兴寺佛教造像艺术》，图版129-136	石造像，青州市博物馆藏。头已残失，佛身彩绘佛、菩萨、饿鬼、地狱等图像
8	北齐	山东青州	无	《青州龙兴寺佛教造像艺术》，图版137-138	石造像，青州市博物馆藏。佛身彩绘佛、菩萨等图像
9	北齐	山东青州	无	《青州龙兴寺佛教造像艺术》，图版139-140	石造像，青州市博物馆藏。佛身以减地平钑雕出若干画面
10	北齐	山东青州/临朐	无	《文物》2002年第9期，第85-87页，图2-4、图7	石造像，临朐县博物馆藏，收藏号SLF630。佛身彩绘佛、飞天、龙、马、人物、地狱等图像
11	北齐	山东诸城	无	吉村怜《再论卢舍那法界人中像》，第328页，图327	石造像，诸城市博物馆藏。头已残失，佛身彩绘各种形象

从上表所列数量可以看出，北齐无疑是卢舍那法界人中像造作最为集中的时期，如果再加上本文所讨论的这件，目前发现北齐的此类造像多达12件，占据了目前所见卢舍那法界人中像的大部分。而从地域上看，主要集中在山东地区。如果我们放眼整个卢舍那佛像的造作情况可以发现，卢舍那法界人中像流行的区域，往往也是普通卢舍那佛像比较流行的区域。根据颜娟英先生对北朝卢舍那造像资料的不辞辛劳的整理，包括造像记明确题为“卢舍那法界人中像”和“人中卢舍那像”的造像在内，迄今所见北齐有纪年的卢舍那造像共40件，其中出自山东地区者多达28件，而其余12件的出处也多属“不详”，这就意味着这12件中可能还有出自山东地区者①。这些卢舍那造像在绝大多数造像记中均题作“卢舍那像”，所以它们大部分应属于普通的卢舍那像，但也可能涵盖了部分卢舍那法界人中像，因为前文一再指出，卢舍那法界人中像在造像题记中有时也径称卢舍那像。可见在北齐时期，山东地区既是特殊的卢舍那法界人中像流行的区域，也是普通卢舍那像流行的区域。

“卢舍那法界人中像流行的区域，往往也是普通卢舍那佛像比较流行的区域”这一判断还可以通过和田地区发现的于阗佛教造像资料得到印证。根据美国学者威廉斯（J.Williams）夫人的搜集整理，可以看到于阗佛教绘画中，卢舍那佛的形象较为普遍，威廉斯夫人搜集到的于阗卢舍那绘画多达20余幅②。而据前文所述，于阗地区曾经也是卢舍那法界人中像比较流行的区域。

上述两类卢舍那造像的重叠现象，将卢舍那法界人中像流行的原因再次指向《华严经》和华严义学的流布与传播。

北朝的华严思想的传播虽非始于北齐，但北齐无疑是北朝华严思想和华严信仰最为流行的时期，这几乎已成为学界的共识。但从华严学的地域分布看，北齐以前，北朝的华严学中心似乎是洛阳和五台山。因为从北魏迁都洛阳前后开始，僧传史籍中出现了一些有关研究、弘扬《华严》，以及受持《华严》而获感应的记载，这些事件的发生地多与洛阳和五台山有关。北齐时期，邺都无疑成为北方新的华严义学中心。由于北齐皇帝推重华严学，延请华严高僧，华严学僧一时辐辏京城③。以往持卢舍那法界人中像说者也曾措意北齐的《华严经》和华严义学的流布与传播情况，但并未特别关注山东地区④。而北齐时期普通卢舍那造像和卢舍那法界人中像如此集中地出现在山东地区，似乎在向我们暗示，山东地区似乎是北齐华严学流布的又一主要区域。北齐山东地区华严义学的流传情况，检诸文献，仍然可以发现若干蛛丝马迹。

《续高僧传》卷六《释真玉传》载：

释真玉，姓董氏，青州益都人，生而无目。……后乡邑大集，盛兴斋讲。母携玉赴会，一闻欣领。……[母]乃弃其家务，专将赴讲，无问风雨艰关，必期相续。玉包略词旨，气摄

---

① 参看前揭颜娟英《北朝华严经造像的省思》附录一《卢舍那像记》列表，第363-366页。具体数据系笔者据列表信息的统计。

② 参看J.Williams，“The Iconography of Khotanese Painting”，*East and West,* 23：1-2，New Series，1973，pp.117-124，Fig.1-22.

③ 北齐皇帝多推重华严学：文宣帝高洋曾立华严斋会，行华严忏法；武成帝高湛僧邀华严高僧慧藏入京，于太极殿开阐华严。参看《华严经传记》卷二《释慧藏传》，《大正藏》卷五一，第161页上。

④ 有关北齐《华严经》和华严义学的流布与传播情况的最新研究，参看前揭大原嘉丰《“法界佛像”に关する考察》，第488-500页。

当锋，年将壮室，振名海岱。……齐天保年中，文宣皇帝盛弘讲席，海内髦彦，咸聚天平。于时义学星罗，跨轹相架。玉独标称首，登座谈叙，罔不归宗。……生来结誓，愿终安养。……忽闻东方有净莲华佛国庄严世界与彼不殊，乃深惟曰：“诸佛净土，岂限方隅。人并西奔，一无东慕。用此执心，难成回向，便愿生莲华佛国。”①

据此，释真玉是出自北齐山东青州的义学高僧，他先是名振乡邦，后“独标称首”于京师，可见影响甚巨。虽然我们不知道他所弘讲的具体内容，但他既“愿生莲华佛国”，说明他最终信奉华严净土。以其影响度之，真玉的华严净土信仰可能会对其乡邦产生一定的影响。

又《华严经传记》卷二《释僧范传》载：

释僧范，姓李氏，平乡人也……年二十九……始而出家。初学《涅槃》，愿尽其致。后向洛下，从献公听《法华》《华严》。又就沙门慧光，更采新致。久之，乃出游开化，利安齐魏。每法筵一举，听众千余。胶州刺史杜弼于邺下显义寺，请范冬讲。至《华严》六地，忽有一雁飞下……伏而听法……又曾处济州，亦有一鸭，飞来入听，讫讲便去。斯诸祥感众矣。……卒于邺下东大觉寺，时春秋八十，即天保六年（555）三月二日也。②

据此，释僧范是活跃于北魏末至北齐时期的华严义学高僧，出自当时华严地论派代表人物慧光门下。值得注意的是，北齐胶州刺史杜弼曾请其讲《华严》，而僧范也曾在山东济州开讲《华严》。

同书同卷《释昙衍传》又载：

释昙衍，姓夏侯氏，南兖州人。……年二十三，投光出家。光即为受戒，听涉无暇，乃损食息。然于藏旨有疑，咨询硕学，皆反启其志，莫之能通。遂开拓寰宇，造《华严经疏》七卷。……自齐郑燕赵，皆履法化，常随义学，千僧有余，出家居士，近于五百。光终之后，华严大教，于兹再盛也。赵郡王高元海（《续高僧传》作高叡）、胶州刺史杜弼，并齐朝懿戚重臣，留情敬奉。……以开皇元年（581）三月十八日……无常至矣。……时年七十有九。③

据此，释昙衍是活跃于东魏北齐时期的出自山东的华严义学高僧，也出自慧光门下，是慧光之后中兴华严学的关键人物。值得注意的是，胶州刺史杜弼又“留情敬奉”昙衍。

① 《大正藏》卷五十，第475页。
② 《大正藏》卷五一，第159页。《续高僧传》卷八《释僧范传》所载略同。
③ 《大正藏》卷五一，第159页。《续高僧传》卷八《释昙衍传》所载略同。

又据《华严经传记》卷四载：

> 释普圆者，不知其氏族也。……似居河海。周武之初，来游三辅。容貌魁梧，无顾弘缓，有大夫之神采焉。多历名山大川。常以头陀为志，乐行慈救，利益为先。人有投者，辄便引度，示语行门，令遵苦节。常诵《华严》一部，依之修定。①

这位普圆和尚“常诵《华严》一部，依之修定”，说明他长期奉持《华严》，并修华严三昧。他在北周武帝初年（相当于北齐武成帝在位时期），由齐入周，游历关中，则其活跃于齐周之际。值得注意的是，这位奉持《华严》的禅僧似来自海岱地区。

另有释慧觉者，姓范氏，齐人。虽博学群经，多以《华严》为首。“明《华严》《十地》，讲席相继，流轨齐岱。荣名远着，门学成风。”入隋，趋并州，后被请高阳，久当讲匠，听众千余，堂宇充溢。著有《华严》《十地》等疏。卒于武德三年（620），年九十②。据慧觉卒年享寿，这位华严义学高僧生于北魏建明元年（530），历东魏、北齐、隋诸朝。既入隋后才趋并州，那么其青壮年时期应该一直在齐岱地区弘扬华严。而他的青壮年时期正当北齐时期，所以释慧觉应该是北齐时期山东地区华严义学的重要助推者，“讲席相继，流轨齐岱”可证。

上举几位僧人均属北齐的华严学僧，其中不乏北齐华严学的关键人物，如僧范、昙衍、慧觉等，而他们与山东地区都存在不同形式的联系：或出自山东地区，或曾在山东地区弘扬华严，或在海岱地区修华严三昧，或为山东地区的高官开讲《华严》，或出自山东并长期在乡邦弘扬《华严》。这些迹象综合表明，山东地区应该是北齐时期除邺都及其周边地区之外华严义学传播的又一重要区域。考虑到这些僧人所处时代多兼跨东魏、北齐，可以想见，山东地区的华严义学东魏时期可能已见端倪，而北齐时期趋盛。

北齐时期，山东地区的华严义学可能还得到当地官员的推动。

从上引文献可以看出，北齐胶州刺史杜弼是一位虔诚的华严信徒，他不仅亲至邺都请华严义学高僧释僧范开讲，还与其他“齐朝懿戚重臣”一起“留情敬奉”中兴华严学的关键人物昙衍。检《北齐书》杜弼本传，弼为中山曲阳（今河北曲阳）人，东魏时已为重臣。高齐禅代后又为文宣帝高洋所重，除胶州刺史。后因事忤上，兼为高德政所谗，天保十年（559）被敕杀于胶州刺史任上，时年六十九③。杜弼性聪敏，兴趣广泛，既耽好玄理，又精通释教，曾与东魏孝静帝讨论佛性，使“上悦称善……赐《地持经》一部，帛一百疋”。武定六年（548），魏帝集名僧于显阳殿讲说佛理，弼予其中，“敕弼升狮子座，当众敷演。昭玄都僧达及僧道顺，并缁林之英，问难锋至，往复数十番，莫有能屈”④。其佛学造诣可见一斑。

杜弼既是一位虔诚的华严信徒，且佛学造诣弘深，那么在其任职山东期间对当地华严义学的推动应该是可以想见的。

---

① 《华严经传记》卷四《讽诵第七》，《大正藏》卷五一，第165页。《续高僧传》卷二七《释普圆传》所载略同。

② 参看《续高僧传》卷十二《释慧觉传》，《大正藏》卷五十，第520页。《华严经传记》卷三《讲解下》所载略同。

③ 参看《北齐书》卷二四《杜弼传》，中华书局标点本1972年版，第346-353页。

④ 参看《北齐书》卷二四《杜弼传》，中华书局标点本1972年版，第348、350页。

此外，山东地区的刻经遗存也可从侧面印证北齐山东地区华严义学的流行。根据学界以往的调查研究，北齐的华严刻经主要集中于邺城周边地区[②]，这应是邺城作为当时华严学中心的反映，而邺城周边以外的地区则少见华严刻经。但山东地区却是例外。山东巨野县文管所现存一通北齐河清三年（564）的刻经碑，原属当地石佛寺遗址。所刻佛经未题经名，但碑右下角刻有“华严经偈”四个小字，可知所刻内容属华严范畴，比照经文内容，属于《大方广华严十恶品经》。碑首浮雕一佛二菩萨三尊立像，当即华严三圣。据碑阴的造像刻经记，经像系当地村邑民众合刻，人数达150人以上[②]。《大方广华严十恶品经》属华严系的疑伪经，此刻经碑虽未用华严正经，却正反映了当时山东地区普通民众层面的华严信仰实态。

综上所述，我们将山东地区视为北齐华严义学流播的又一重要区域殆无大误。而这一认识对本文研究的意义在于，可以再次印证本文所讨论的此类特殊造像与《华严经》及华严思想之间的密切联系。有什么样的经典和信仰流行，就会流行什么样的造像，这已成为汉地佛教传播的一个定律，北齐山东地区华严信仰、华严义学的流行与普通卢舍那造像、卢舍那法界人中像流行的叠合与并行正是这一定律的反映。可见，北齐山东地区普通卢舍那造像、卢舍那法界人中像流行的原因只有从当地华严信仰、华严义学传播的角度考虑才能获得比较合理的解释。

结论

本文对中山大学图书馆所藏的一件卢舍那法界人中像进行了初步研究。这是佛教造像中的一种特殊形式，特殊之处在于佛衣上往往表现出各种图像，即通常所谓的三界六道形象。此种图像在北朝至隋唐时期，在中原北方、河西以及西域地区时见流行，但以往学界对此种特殊佛像的定名定性存在分歧。主流观点认为应称作卢舍那法界人中像，此像与华严思想与华严信仰有关，但另一派观点却将其称作宇宙主释迦佛，此外还有其他看法。本文首先对该件佛像袈裟上的图像进行了识读，并对此类造像的研究史做了全面系统地回顾，在此基础上对此类造像的定名和属性问题重新进行了探讨。

本文的论证从外证和内证两个方面入手。外证方面，以近年新发现的像记并存的图像资料为突破口，将只知其名不见其像的所谓“人中像”“人中卢舍那像”“卢舍那法界人中像”、佛身表现法界图像的“卢舍那白玉像”，以及知其名见其像的所谓“法界像”等文字、图像资料，与此种特殊造像有机地衔接了起来，从而证实此种造像确应定名为卢舍那法界人中像。内证方面，为避免与以往研究的重复，没有将图像内容与《华严经》逐一进行比对，而主要是从华严思想和华严信仰的大背景入手，深入分析图像创作的机理。结论认为：此种构图固然与华严的法界观密切相关，但更准确地讲，反映的应是华严的十法界思想。此种构图的实际功用，一方面，可以满足华严学僧证入法界、修习禅定的需要，另一方面，此种特殊的法界图像可以与普通信众受持、讽诵、书写《华严经》形成互动效果。由此可见，按照十法界的理念创作的此种法界图像，不仅达到了凸显《华严经》的核心思想——华严法

---

① 邺城周边地区的北齐华严刻经的调查与研究，参看李裕群《邺城地区石窟与刻经》，载《考古学报》1997年第4期，第443-479页。

② 参看周建军、徐海燕《山东巨野石佛寺北齐造像刊经碑》，载《文物》1997年第3期，第69-72页；赖非《山东北朝佛教摩崖刻经调查与研究》，科学出版社2007年版，第162-165页。《大方广华严十恶品经》系疑伪经，故收录于《大正藏》卷八五，编号2875。刻经内容与《大正藏》版本略有出入。

界观的目的，还将华严学僧修行的需要与基于华严思想对普通信众实施教化的需要巧妙地结合了起来，从而面对同样的图像，僧俗可以各取所需。

鉴于以往持卢舍那法界人中像说者对对方观点回应得不够，本文还对宇宙主释迦佛说者所持的主要观点给予了正面回应。首先，我们不否认“身中现色像”并不是卢舍那佛的专利，释迦、获得神通的菩萨以及受持某部佛经者身中均有可能“现色像”。但是，理论虽如此，却不一定都付诸了造像实践，在现实造像中，目前证据只能将此种特殊造像指向卢舍那佛。其次，本文针对持宇宙主释迦佛说者所特别强调的神变后的释迦具有宇宙佛的属性的观点，指出宇宙佛属性并非神变后的释迦独有，并着意论证了作为法身佛的卢舍那佛其实也具有宇宙佛属性。“身中现色像”、宇宙佛观念其实是大乘佛教共有的东西，它来源于印度更古老的婆罗门教或吠陀宗教的神学理论。

本文进而讨论了该件造像的时代、地域，并对北齐时期山东地区普通卢舍那造像及卢舍那法界人中像流行的原因进行了分析。从造像风格看，本件接近北齐青州系造像，从材质看，则属定州系造像。本文因而认为，本件属北齐造像，其造像地域可能在青州以北的鲁西北地区，因为这一地带在北齐时期正是青州系造像与定州系造像的交汇地带。我们同时注意到，从出土造像资料看，山东地区是北齐时期普通卢舍那造像和卢舍那法界人中像最为集中的区域，而通过论证可知，山东地区似乎也是北齐华严学流布的又一主要区域。这一方面为我们进一步了解北齐华严义学的地域分布特点提供了新的认识，另一方面，从本文命题的角度考虑，可以再次印证本文所讨论的此类特殊造像与华严思想、华严信仰之间的密切联系。

（本文原载《艺术史研究》第十一辑，系与刘青莉女士合撰，蒙允收入，谨致谢忱。）

中山大学图书馆藏北齐阴子岳造像碑初步研究

文安琪

引言

佛教造像碑盛行于5至6世纪的北方地区（秦岭淮河以北），以最直接的方式记录了民间佛教信众的信仰思想、信仰活动以及信仰的组织形式等。以往的众多研究，多以造像记为主要资料分析民众信仰、修持方式和社会影响①；或是探究邑义群体的佛事活动及其组织形式②。也有对造像碑图像的观察，进行分期和分区的工作③；或就一个地区内造像碑整体演变进行考察，进而阐述佛教进入中国逐渐适应本土习惯的情况④。

本文拟以中山大学图书馆收藏的一通"北齐阴子岳造像碑"⑤为主要研究对象，首先对此碑包含的铭文及图像信息进行识读和整理；进而蠡测产地，对造像题材的几种可能性进行分析并提出自己的看法；最后试图对造像碑所反映出的民间佛教信众的信仰面貌和信仰特点略加探讨。

一、造像碑基本情况

北齐阴子岳造像碑，为砂岩材质，竖长方形螭首扁体碑。螭首样式为两龙缠绕、龙爪对举，顶部呈弧形，碑座缺失（图1、图2）。碑断裂为上下两段，上段保存较好，残高约89厘米、宽约56厘米、厚约12.5厘米。下段边缘磨损严重，一角缺失，碑阳表面破坏严重，残高约51.5厘米、宽约56厘米、厚约13厘米（图3）。

（一）碑阳造像与铭文

碑阳共开三龛，呈"品"字形布局。碑额处正中开一帐形龛（高29.6厘米，宽17.7厘米），帐外顶部饰一摩尼珠，两侧为忍冬纹，帐内共四层龛饰，由上至下逐层为倒三角流

① 侯旭东：《五六世纪北方民众佛教信仰——以造像记为中心的考察》（增订本），社会科学文献出版社2015年版；刘淑芬《五至六世纪华北乡村的佛教信仰》，第497-544页。

② 郝春文：《东晋南北朝佛社首领考略》，载《北京师范学院学报》1991年第3期，第49-58页。

③ 李静杰：《佛教造像碑的分期与分区》，载《佛学研究》1997年卷，第34-51页。

④ 王静芬著，毛秋瑾译：《中国石碑——一种象征形式在佛教传入之前与之后的运用》，商务印书馆2011年版。

⑤ 此碑系我校中文系教授商承祚先生于1929年奉学校之命赴北京琉璃厂等地采购所得各时代文物之一。同一批购得文物凡两百余件（种），经历日本侵占广州的劫难，这批文物遭到严重破坏和丢失。劫余的18件文物目前陈列于我校图书馆一楼，本文所研究的这通"北齐阴子岳造像碑"也在其中，收藏编号ZSUL004，ZSUL018。相关情况参看陈列区所示《陈列前言》。本文所选用该碑图片、拓片资料，除随图特别注明来源外，其余均由图书馆提供。

图1 阴子岳造像碑上段碑阳

图2 阴子岳造像碑上段碑阴

图3 阴子岳造像碑下段

苏纹、垂鳞纹、天幕纹、帷帐纹[①]。内雕一尊菩萨像，结跏趺坐于较低矮的普通台座上。菩萨头戴宝冠，宝缯垂肩，面相残缺不可辨，配戴项饰，上身袒露，下身着裙，披帛绕肩自然垂于体侧，璎珞于腹部交叉穿环。裙较宽大，裙褶单层、整齐对称。造像手部残缺，根据残存痕迹看可能施无畏印与与愿印（图4）。

右龛为尖楣圆拱龛（高25.4厘米，宽16厘米），龛楣内外均饰火焰纹，圆拱外侧饰一周联珠纹，内雕一尊倚坐佛像，须弥座。佛像体形修长，略有秀骨清像余韵。圆形头光，肉髻和头部有损毁。着双领下垂式袈裟，内着僧祇支，腰系带，两端自然下垂。袈裟下摆单层，足部露出小部分，双脚各踏于一覆莲之上。造像手部亦残缺，根据残存痕迹来看可能施无畏印与与愿印（图5）。

左龛（图6）亦为尖楣圆拱龛（高25.3厘米，宽16厘米），龛楣内外均装饰忍冬纹，圆拱外侧同样饰一周联珠纹。内雕一尊结跏趺坐佛像，根据左侧榜题“释迦像主阴永茂”可知尊像身份为释迦牟尼。舟形背光，肉髻和头部损毁较大。身着右肩半披式袈裟，右侧袈裟衣角顺势搭放于左臂上，内着僧祇支，系带较宽，两端自然下垂。袈裟下摆单层。尊像右手施无畏印，左手自然放于腿上，手心向上。结跏趺坐于覆莲台座上，一脚露出，脚底外翻向上（图6）。

---

① 帐饰名称参看唐仲明《从帐形龛饰到帐形龛——北朝石窟中一个被忽视的问题》，载《敦煌研究》2004年第1期，第27-29页。

图4 碑阳碑额处龛

图5 碑阳碑身处右龛

图6 碑阳碑身处左龛

图7 碑阳碑身处雕刻的图像

两龛之间雕有力士托博山炉的图像，两侧各跪一僧人，右侧僧人为侧面形象，双手合十，呈礼拜状，左侧僧人则为半侧身形象，可见其面部和身体正面的大部分，似乎着双领下垂式袈裟，右手举起，左手自然放于腿上，似是讲经说法状。两位僧人以下为狮子面对蹲坐及纹样装饰的平台（图7）。

碑阳铭文分上下两段，上段自右第一列刻“大齐皇建”字样，余下16列为供养人的称谓和姓名（图8）。录文如下：

17	16	15	14	13	12	11	10	9	8	7	6	5	4	3	2	1
都邑主范元□□	斋主郭法延□	斋主郝□略□	清净主胡□□	香火主阴敬□□	铭主郝显□□	斋主阴元洪□	斋主李子琛□	像主荆敬悦□	寺主阴处和□	教化主阴丑□□	香火主□僧□□	维那主尹洪□□	斋主阴□仁□	斋主阴处和□	邑主阴显□□	大齐皇建□

图8 上段碑阳铭文拓片

图9 下段碑阳铭文拓片（此图系作者于图书馆拍摄）

下段铭文凡11列，为发愿文（图9）。录文如下：

后佚	11	10	9	8	7	6	5	4	3	2	1	前佚
	□泽治十方思治一切几	□昆十八而为天堂□厄者	□具俗□勤降光俱教先	□化此官□奉千圣存者	□万业下为邑寺及其无	□上为*皇帝陛下祚隆万	□人各赞舍心财敬造	□道俗一百七十人等同心	□道光真俗者□然今邑	□聪故能□□□际运	□悲□□□□□湛	

图10 碑阴太子思惟像及小龛、供养人

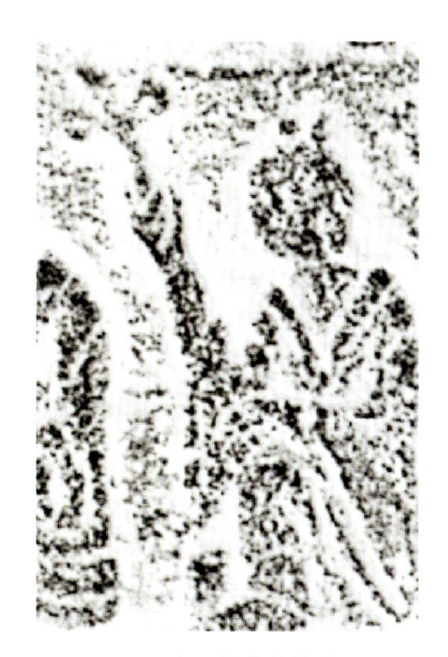

图11 碑阴执花女供养人

（二）碑阴造像与铭文

碑阴造像主要为佛传故事，碑额一尖楣圆拱龛，龛外两侧刻菩提树，树冠交汇于龛外顶部，龛楣饰火焰纹，内刻一尊半跏思惟像，与菩提树组合构成“树下思惟”的场景。思惟像着菩萨装，圆形头光，头戴宝冠，宝缯垂肩，面部残缺不可辨。上身袒露，下身着裙，配戴项饰，披帛绕肩自然垂于两侧，与碑阳的菩萨像装饰风格相似。思惟像右手托右腮，微侧头就手，右脚搭于左腿上，左足踏于覆莲之上。龛外右侧雕刻有一匹身形健硕的马，呈跪曲前肢、低头吻足的形象，这一情景通常对应“白马舐足”的佛传故事。“树下思惟”和“白马舐足”均为佛陀作悉达多太子时的故事，故可以将整幅图像称为太子思惟像[①]（图10）。

在这一主要图像之外，龛左侧下部开一小龛，龛内雕刻一结跏趺坐的高僧，龛外两名供养人呈胡跪姿势，第二名女供养人右手执物，似是佛教仪式中所执香花一类物品（图11）。这一场景提示当时可能流行某种仪式，因为造像碑本身就与仪式（斋会）有关，这一点在铭文的供养人称谓中能找到更多的依据和线索[②]。

碑阴铭文仅上段可辨识，凡20列，分三行排列供养人姓名（图12）。录文如下：

20	19	18	17	16	15	14	13	12	11	10	9	8	7	6	5	4	3	2	1
比□□	比丘僧□	王□忻清信士	阴猛□	阴伏忻	阴□□	张敬和	郝国安	阴僧雷	阴僧洛	思维像主	比丘僧安	比丘僧绍	比丘昙儁	比丘海济	比丘僧猛	比丘僧略	比丘僧颖	比丘□心	比丘道和
张□姬	郭□姬	□尚女	温菩萨	李普洛	王昙□	王副忻	梁晚贵	王道□	阴□忻	尹神穗	阴□忻	阴□导	阴猛威	阴猛导	阴龙儁	阴永兴	阴海儁	□□□	阴□□
□□□	王阿□	李明□	宋奴□	阴洪先	郝显□	赵世□	梁由□	张阿□	□□□	侯僧□	王阿□	阴元洪	阴买丑	阴胡仁	阴元□	阴广兴	胡阿德	阴□□	阴□□

① 李静杰：《定州白石佛像艺术中的半跏思惟像》，载《收藏家》1998年第4期，第35页。悉达多太子是修菩萨道而成佛的，因此将其成佛前的形象表现为菩萨。

② 郝春文：《东晋南北朝佛社首领考略》，载《北京师范学院学报》1991年第3期，第51页。

（三）碑侧铭文

碑右侧铭文为供养人姓名，分四行满行4人名：比丘照和、比丘元宝、比丘僧藏、比丘道澈、大像主阴广兴、香火主郭□副、清□□□□、维那主阴□买、维那主阴王买、斋主郭□□、斋主段敬、斋主秦义。最下大字：阴子岳施园一区（图13）。碑左侧铭文分7行，每行录4人名：比丘□□妙、王好妃、阴阿妃、阴□女、赵女赐、刘阿足、曹阿胜、□□□、□□□、阴□仁、阴思男、宋思好、张摩耶、郝海娘、比丘□胜□、张延敬、阴元田、阎娘妃、王松榕、侯洪姿、史选妃、阴阿清、阴娘子、王洪敬、董洪妃、张太妃、胡阿赐（图14）。

二、造像碑产地蠡测

根据阴子岳造像碑的北齐纪年可初步确定此碑产地应在北齐境内，即今山西、河南、河北、山东一带。考虑到建造造像碑的石料通常是就地取材，因此石料的类型也可以一定程度上提示我们造像碑的产地。阴子岳造像碑为微红的浅黄色砂岩，这种石料通常来自山西及甘肃、宁夏的部分地区，所以此碑有可能产于山西的北齐境内。当然，也不能绝对排除石料或造像碑有运输贸易的可能，更何况石料分布地也不能绝对化，比如同为砂岩材质的北齐天保五年（554）赵庆祖造像碑①即是在洛阳地区征集到的。由此可以将阴子岳造像碑的产地暂定为山西中南部、河南中北部及河北南部地区。从北齐佛教造像碑的分布区域看，主要集中在人口稠密，尤其是汉人聚居的几处区域，包括山西省中南部的长治盆地、汾河河谷和太原盆地，河南省中北部的洛阳和郑州的地区，以及河北省南部地区。

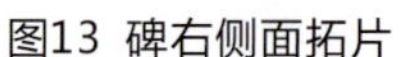

图13 碑右侧面拓片　　图14 碑左侧面拓片

从造像风格看，阴子岳造像碑的三龛造像头部稍显方圆、颈部较短、两肩圆滑较窄，身材整体饱满呈柱状；衣纹简洁洗练，袈裟贴体，衣摆由北朝早期的满覆座变为覆于座之上沿，早期繁缛的衣褶简化为单层，但雕刻技法更为娴熟，衣摆边缘圆滑立体，整体而言符合北齐的造像风格。河南出土的东魏武定元年（543）骆子宽等造佛陀一铺五身立像（图15），预示了北齐风格的发展②。河南登封出土的北齐天保八年（557）刘碑寺造像碑③（图16），其

① 河南博物院编，王景荃主编：《河南佛教石刻造像·北齐北周造像》，第3号。
② 王静芬：《中国石碑——一种象征形式在佛教传入之前与之后的运用》，第215页。
③ 河南博物院编，王景荃主编：《河南佛教石刻造像·北齐北周造像》，第6号。

图15 东魏武定元年骆子宽等造佛陀一铺五身立像

图16 北齐天保八年刘碑寺造像碑碑阳左上龛菩萨像

图17 东魏武定二年一区释迦坐像

图18 北齐天统四年张伏惠造像碑碑阳中层释迦像

碑阳左上一龛内菩萨尊像的身形、衣纹、璎珞装饰等，与阴子岳造像碑额部菩萨像均有几分相似。山西太原出土的东魏兴和二年（540）一区释迦坐像①（图17），以及河南襄城出土的北齐天统四年（568）张伏惠造像碑②碑阳中层和下层的释迦、无量寿佛造像（图18），与阴子岳造像碑中佛像的风格相似。通过以上几个有明确纪年和出土地点的造像碑实例，将阴子岳造像碑产地圈定在河南和山西的北齐境内。

碑阴太子思惟像是北齐时期定州系单体造像常见的题材之一③。从造像的特点看，定州系的思惟像与阴子岳造像碑碑阴的太子思惟像有许多相似之处。以曲阳修德寺出土的天保七年（556）韩子思造像（图19）和天保八年（557）张延造像（图20）为例④，施圆形头光，宝缯

① 山西省博物馆编：《山西石雕艺术》，第13号。

② 河南博物院编，王景荃主编：《河南佛教石刻造像·北齐北周造像》，第16号。

③ 李静杰、田军：《定州系白石佛像研究》，载《故宫博物院院刊》1999年第3期，第77页表二，第79页。大部分造像铭文为“思惟”，一部分为“太子思惟”“龙树思惟”和“太子”，个别为“龙树”或“菩萨”。李静杰先生还考证“龙树”是指半跏趺坐菩萨像背屏上刻的盘龙双树，即“树下思惟”题材中的菩提树，则菩萨即指悉达多太子。

④ 图版采自张保珍《河北曲阳佛教造像地域风格研究》，2014年南京艺术学院硕士学位论文，第26页。

顺两颊自然下垂，垂足下踏一单瓣小覆莲[①]。这三处特点在定州系思惟像分期中可大约定在东魏后期武定元年（550）至北齐时期[②]，这与阴子岳造像碑的时间相当，则后者很有可能受到定州系造思惟像影响。定州系造像的分布范围以定州为中心，西至山西昔阳，南至河北临漳，这一地域范围对于我们推测阴子岳造像碑的产地很有帮助。从图像上可以看出，两者造像的一些代表性特点虽有相似，但在整体的造像风格上却不尽相同，且定州系造像以白石的单体造像为最突出的特点，这些全然不是阴子岳造像碑所具有的。因此，阴子岳造像碑的产地应大约靠近定州系造像的分布区域，但保持一定的距离，还在造像碑流行的区域范围内。

综合以上分析，阴子岳造像碑的产地可能在今河南北部、山西东南部的北齐境内。

三、造像碑题材分析

阴子岳造像碑的菩萨造像开龛位置在碑额处，北朝时期造像碑中碑额的菩萨形象题材多为弥勒，尤其是河南地区，出土造像碑中碑额菩萨形象几乎全部都是弥勒，这一现象与北魏后期弥勒信仰[③]达到高潮有着密不可分的联系。石窟造像中弥勒菩萨形象多为交脚而坐，周边

图19 北齐天保七年韩子思造像

图20 北齐天保八年张延造像

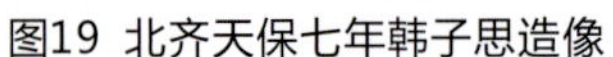

① 韩子思造像垂足和趺座残。

② 李静杰、田军：《定州系白石佛像研究》，第68页。

③ 以菩萨形象出现的弥勒，其经典依据是《佛说观弥勒菩萨上生兜率天经》，主要反映弥勒信仰中的上生思想，即弥勒模仿释迦牟尼作为菩萨的经历，居于兜率天修行说法，等待下生接替佛陀。（《大正藏》卷十四，第418-420页。）

刻画为宫殿式建筑，表现其居于兜率天说法的场景①。造像碑中碑额位置造弥勒菩萨像的习惯与上生思想联系看，似乎也是为了表现这一场景，铭文中强调“天宫”一词也可以得到一定证明②。在阴子岳造像碑碑阳残存的造像记中出现的“天堂”一词，其含义应等同于“天宫”。另外，需要厘清的是，阴子岳造像碑中菩萨为倚坐，这一形象可能与弥勒菩萨通常为交脚坐姿的认识抵牾，但从一些造像碑实例中可证明这一特点也非必然③，交脚坐姿应是弥勒菩萨，但弥勒菩萨不一定全部表现为交脚。综合以上分析，将该龛造像主尊确定为弥勒菩萨当无大误。

碑身左龛有榜题在侧，明确提示我们造像题材为释迦牟尼，右龛造像龛侧原本亦有榜题，但现在仅能辨识出“像主”二字。那么右龛造像的题材可能是什么呢？根据造像本身的特点来看，右龛与左龛的造像虽是并列关系，但两龛的佛像从衣着到坐姿几乎没有太多相似的地方，由此虽然不能对右龛造像题材给予太多提示，但从排除的角度有一点不难想到，就是两龛造像应该不是多宝造像④。

结合碑额一龛题材极有可能为弥勒菩萨的情况来看，右龛这一倚坐姿势的佛像也可能为下生成佛、正在讲经说法的弥勒佛。实例如云冈石窟北魏中期第7、8窟（约5世纪70年代前半叶），云冈第9、10窟（约5世纪70年代后半叶），云冈第1、2窟（约5世纪80年代），云冈第6窟（约5世纪90年代），云冈北魏晚期第38窟（约6世纪初期）⑤，在重要位置的倚坐佛均与交脚菩萨成对出现，表现出一对具有相对尊格的图像。代表着上生、下生不同时期的状态在“弥勒六部经”⑥中可以分别找到依据，但作为组合同时造像似乎没有具体的经典依据支撑，可能只是信众为了强调对弥勒信仰的热情而有意重复这一主题的创造结果。

除此之外，三龛组合造像也有可能为三世佛题材中某种三佛（龛）造像⑦。北朝晚期造像中阿弥陀佛的形象增多，弥陀信仰日渐兴盛，将其与释迦和弥勒一同雕造，逐渐形成三佛造

① 贺世哲：《关于十六国北朝时期的三世佛与三佛造像诸问题（一）》，载《敦煌研究》1992年第4期，第8-11页；王静芬著，毛秋瑾译：《中国石碑——一种象征形式在佛教传入之前与之后的运用》，第153页。

② 如北齐天保十年（559）高海亮造像碑，阳面碑额处开帐形龛，龛内雕弥勒菩萨和二胁侍菩萨，造像记中“建立天宫石像一区”强调了“天宫”与弥勒的对应关系。造像碑信息，参看河南博物院编、王景荃主编《河南佛教石刻造像·北齐北周造像》，第9号。

③ 如北齐天保五年（554）赵庆祖造像碑，阳面碑额开尖拱龛，龛内雕善跏趺坐菩萨，榜题“弥勒像主赵庆祖”，可见造像题材为弥勒菩萨；另有北齐天统三年（567）平等寺韩永义造像碑，阳面碑额处开一尖楣圆拱龛，龛内雕善跏趺坐弥勒菩萨和二胁侍。造像碑信息，参看河南博物院编、王景荃主编《河南佛教石刻造像·北齐北周造像》，第3号，第15号。

④ 多宝造像是释迦、多宝并坐的题材，据《妙法莲华经·见宝塔品》载：“尔时多宝佛于宝塔中，分半座与释迦牟尼佛，而作是言：‘释迦牟尼佛，可就此座。’即时释迦牟尼佛入其塔中，坐其半座，结跏趺坐。”（《大正藏》卷九，第32页）因此，释迦、多宝并坐的造像通常是将两身尊像置于一龛中，且造像的情态、衣纹、姿势等细节都刻画为相似的特征；也有将两身造像分置于两龛中“并坐”，但一定是两身造像在姿势、衣纹、情态都是极相似的。反观阴子岳造像碑碑身两尊佛，分坐于两龛之中，且一身为倚坐，一身为结跏趺坐，袈裟样式也迥然不同，凡此种种特点均可证明此两尊像的身份为释迦多宝的可能性极小。

⑤ 分期参看宿白《云冈石窟分期试论》，原载《考古学报》1978年第1期，收入作者《中国石窟寺研究》，文物出版社1996年版，第78-84页。

⑥ 六部弥勒经典：《弥勒下生经》（西晋竺法护译）、《弥勒成佛经》（后秦鸠摩罗什译）、《观弥勒菩萨上生兜率天经》（北凉沮渠京声于南朝宋初译）、《弥勒下生成佛经》（后秦鸠摩罗什译）、《佛说弥勒来时经》（失译）、《弥勒下生成佛经》（唐义净译），前三部经影响较大，称“弥勒三部经”。

⑦ 三世佛主题的造像衍生出诸多组合形式，参看贺世哲《关于十六国北朝时期的三世佛与三佛造像诸问题（一）》，第5-15页。贺先生文中提到的组合形式还包括“由千佛组成的三世十方诸佛”“由八佛组成的竖三世佛”等，因此实际为三佛造像的三世佛题材有五种：一是形象雷同的三佛组成竖三世佛，二是定光佛（即燃灯佛）、释迦佛与弥勒组成的竖三世佛，三是多宝佛、释迦佛与弥勒组成的三世佛；另外，北朝晚期又出现了包括阿弥陀佛的三佛造像：卢舍那佛、阿弥陀佛与弥勒的组合，及释迦牟尼、阿弥陀佛与弥勒的组合。根据阴子岳造像碑一龛弥勒、一龛释迦的情况，此处就最后一种组合进行分析。

像的一种组合。阿弥陀佛主管西方极乐世界，最早传入汉地宣传弥陀信仰的经典是东汉支谶所译的《般舟三昧经》，经载：

> 若沙门白衣。所闻西方阿弥陀佛刹。当念彼方佛不得缺戒。一心念若一昼夜。若七日七夜。过七日以后。见阿弥陀佛……用是念佛故。当得生阿弥陀佛国。①

之后阿弥陀经典译本增多②，但内容大致相同，即都是通过思念阿弥陀佛而祈愿往生西方弥陀净土③。在具体的实践中，高僧祈生西方佛国者“讲授之隙，正面西方”“依常面西，礼竟加坐”④，民间信众在造像中则通常于西方的位置建造或雕刻阿弥陀佛，以表达托生西方净土的愿望。造像碑实例如荥阳大海寺遗址出土北魏孝昌元年道晗四面造像碑⑤，该碑右侧面（西面）开龛雕造一阿弥陀佛⑥倚坐于方形台座上，有舟形火焰纹背光和圆形头光，头光内匝刻莲瓣，头部残，着双领下垂式袈裟，左手扶膝，右手屈肘上举施说法印。阴子岳造像碑的右龛造像风格与其极为相似，更重要的是右龛位置相对其他龛像来说正是位于西边，因此推测此龛造像有可能为阿弥陀佛。

四、从造像组合看民间佛教信仰的特点

造像组合通常是依据佛教典籍中的典型场景进行艺术表现，对经文中描绘的一些细节也会如实刻画出来；但也有由于教内的倡导和宣传不足以满足信众的需求，而由信众自发创造形成的，因此这类造像组合可以很好地反映出信众一些特别的心理诉求⑦。弥勒、弥陀、释迦的组合就属于后者。将阿弥陀与弥勒菩萨同时造像，找不出教义支持，并且在祈愿托生时还会产生矛盾，但也正是这处矛盾聚焦在民间信众的造像目的，让我们得以一瞥其时代的信仰面貌和信仰特点。

阴子岳造像碑建造的年代为北朝晚期，这一时期最主要的变化是弥勒信仰开始衰落，而弥陀信仰开始兴起，这一现象从二者造像数量的变化上直观地表现出来⑧。虽然从表面上看，此一时期民众的造像题材有着较大的变化，但从发愿文来看，似乎信众的愿望没有随着信仰的变化而有很大的改变。原先祈愿上生兜率天宫（弥勒净土），后来祈愿托生西方净土（弥陀净土），还有同时祈愿往生这两种净土的，并且这种“贪心”的发愿文实际上占了托生类祈愿的大多数。实例如《葛岳力造像记》载：

---

① 《大正藏》卷一三，第904页。

② 最有影响的是《无量寿经》《观无量寿经》《阿弥陀经》《无量寿经论》，合称“三经一论”，为后来净土宗主要依据的经典。

③ 也称佛国，造像记中也有称“国土”。

④ 《续高僧传》卷九，中华书局2014年版，第316页；卷一二，第403页。

⑤ 河南博物院编，王景荃主编：《河南佛教石刻造像·北魏造像》，第16号。

⑥ 碑背面造像记28-29行载：“前有弥勒大像西有无量寿北有口／觉释迦东有阿口如来菩萨金刚一”，可明确西面龛倚坐佛造像为无量寿佛即阿弥陀佛无误。

⑦ 姚崇新：《观音与地藏——唐代佛教造像中的一种特殊组合》，原载《艺术史研究》第十辑，2008年，收入氏著《中古艺术宗教与西域历史论稿》，商务印书馆2011年版，第102页注3。

⑧ 侯旭东：《五、六世纪北方民众佛教信仰》，第119-120页，表B2-1：主要造像题材时间分布。弥勒造像从5世纪后半期至6世纪30年代的鼎盛时期至北朝末年，造像比例从36%跌落至10%；而同一时期阿弥陀造像数量渐渐增加，一度达到同期造像的47%之多。

大齐天保二年（注：551）七月十四日，佛弟子冠军将军广武太守葛岳力敬造玉像一区，□讬（托）生西方妙乐国土龙华三会，愿枉上首，又为居家眷属□过现在普同所□。[①]

再如《刘敬默造像记》载：

天统二年（注：567）三月廿三日，刘敬默为亡女女□造玉象一区，愿使亡讬（托）生西方妙洛（乐）□土，现在大小恒与佛会。[②]

又如《宋王仁造像记》载：

大齐天保八年（注：557），岁□丁丑三月□子朔八日丁未，佛弟□宋王仁，为□息□畅敬造石像一躯，愿史亡者□□西方妙乐□□龙华上会，先□首见前眷属，咸同斯福。[③]

从以上三例不难发现，代表弥陀信仰的“托生西方妙乐国土”与代表弥勒信仰的“龙华三会”“值佛闻法”“佛会”等词语同时出现。既上生天上，又托生西方；既愿生无量寿佛国，又要下生龙华树下[④]，使死者无所适从，不知究竟往生何处。表面上虽是如此，但是从逻辑上看，似乎可以将二者信仰在造像目的上归结于一处，即对死后世界的美好憧憬。

民间佛教信仰具有功利化、简易化的特点[⑤]，民间信众为了寄托某种诉求而参与佛教活动，以信仰宗教为途径来表达出他们的诉求。抱着这样的态度崇拜偶像，则信众实际上不大会去用心思考教义和义理。日常的修持、定期的供养以及听僧尼讲经说法，从根本上终究是为了尽可能地实现他们于偶像面前诉诸的愿望和需求。

结语

本文围绕北齐阴子岳造像碑展开初步研究工作，首要是对此碑包含的铭文及图像信息进行全面细致的识读和整理，在此基础之上，通过造像风格和部分造像题材的比较研究，蠡测造像碑产地大致在今河南北部、山西东南部的范围。除此之外，还对阴子岳造像碑中两龛不明确的造像进行题材和组合关系的考察，初步认为碑额一龛的菩萨像可能为弥勒，右龛倚坐佛造像可能为弥勒佛或阿弥陀佛，又对三龛造像有可能为“弥勒菩萨、阿弥陀佛和释迦牟尼”的组合进行简要的分析。最后以北朝晚期民间的弥勒信仰和弥陀信仰流行变化为切入点，对造像碑所反映出的民间佛教信众的信仰面貌和信仰特点进行了初步考察，认为民间信众对于佛教义理的关注远不如其对于满足自身诉求的关注，其功利化、简单化的信仰特点在造像活动的诸多方面都可以体现出来。

① 〔清〕吴汝纶《深州风土记》卷十一，文瑞书院刻本，清光绪二十六年（1900）。

② 〔清〕端方：《匋斋藏石记》卷十二，国家图书馆《历代石刻史料汇编》，第391页。

③ 〔清〕王昶：《金石续编》卷二，第293页。

④ 陈扬炯：《中国净土宗通史》，江苏古籍出版社2000年版，第194页。

⑤ 张文良：《弥勒净土与弥陀净土》，载《五台山研究》1992年第2期，第8页。

马丁堂展藏意大利石雕赏析

李宁利　靳静山

走进马丁堂，就仿佛拥有了《博物馆奇妙夜》中令人神往的“复活黄金牌”，所有的古物都活了过来：蹲卧的石狮子抖动着浓密的大波浪卷的毛发；冰肌玉肤又倾国倾城的希腊女神微笑着徐徐展开手中的经卷；天真烂漫的天使在放飞手中的和平鸽；古罗马的大理石日晷捕捉着朝阳的影子，精准地追随着时间的脚步……它们是来自意大利的石雕像，在马丁堂安家已数十载。近代中国满目疮痍，古物屡遭劫掠，许多稀世珍品成为他国的馆藏，唯在马丁堂，你能见到漂洋过海的异国风物，唯有珍藏它们，才是对先辈们最好的纪念。

一、康有为早期的文物保护思想

马丁堂展藏的意大利石雕确信由康有为从意大利购回。1898年“戊戌变法”失败后，康有为“出亡十六年，游遍四周，经三十一国，行六十万里”。他于光绪三十年（1904）5月2日到达意大利，接连游历了布林迪西、那不勒斯、庞贝古城、维苏威火山、罗马、佛罗伦萨、威尼斯、米兰等地，其游记中写道：“罗马市中，画店、古董店最多。金石之像、器，以罗马古碑、古盘、古柱，刻字、无字、完全、断缺，无一不有。连栋相望，过之垂涎，恨力薄不能多购之。虽明知其真赝杂陈，然数千年希腊、罗马之器物，瑰式异制，置之堂室，亦足兴观矣。仅得金石像十数具，亦慰情聊胜无耳。”①

康有为先生堪称开创中国文物保护和博物馆事业的先驱。先生酷爱书画，喜欢收藏鉴赏古玩。他在游历海外期间，曾经用保皇会的赠款在各国购买了不少古玩和艺术品，“如意大利高数尺的石雕人像、西班牙的金银软剑、庞贝的软石、锡兰的贝叶经等都加以收藏”。康有为提倡保护文物古迹、开博物馆展览，以宣传中华文明。他游历罗马时，曾感叹罗马保存文物之完整，“惟罗马亦有可敬者，二千年之颓宫古庙，至今犹存者无数。危墙坏壁，都中相望。而都人累经万劫，争乱盗贼，经二千年，乃无有毁之者。今都人士皆知爱护，皆知叹美，皆知效法，无有取其一砖，拾其一泥者，而公保守之，以为国荣。令大地过客，皆得游观，生其叹慕，睹其实迹，拓影而去，足以为凭”②。他还有感而发，在游记中写有《古物五章》：

> 印、埃、雅典多遗迹，瑰构雄奇尽石工。行遍地球看古物，尚看罗马四三雄。颓垣断础二千年，衢道相望自岿然。最异频经兵燹乱，保存古物至今传。后汉世称风俗美，贼畏明贤鬼读书。罗马人能存古物，此风粹美更何如。古物存，可令国增文明。古物存，可知民敬贤英。古物存，能令民心感兴。吁嗟印、埃、雅、罗之能存古物兮，中国乃扫荡而尽平。甚哉，吾民负文化之名。埃及陵塔何嵯峨，印度殿塔岁月多，雅典古庙何婆娑，罗马坏殿遗渠侵云过。是皆周汉以前物，英雄遗迹啸以歌。回顾华土无可摩，文明证据空山河。我心怦怦手自搓，惟有长城奈若何。③

---

① 康有为：《欧洲十一国游记二种》，钟叔河主编《走向世界丛书》，岳麓书社出版1985年版，第156页。
② 康有为：《欧洲十一国游记二种》，钟叔河主编《走向世界丛书》，岳麓书社出版1985年版，第115页。
③ 康有为：《欧洲十一国游记二种》，钟叔河主编《走向世界丛书》，岳麓书社出版1985年版，第155页。

图1 马丁堂门口的石狮雕像之一

图2 马丁堂门口的石狮雕像之二

图3 蹲踞石狮

1913年康有为在《不忍》杂志上发表《保存中国名迹古器说》，号召“凡吾国省府州县镇，皆宜设博物院、图书馆，皆宜设保存古迹古器会，都邑人士，相与竭力焉，郑重焉，请求焉，视为文明野蛮之别焉，以为后生之感动兴起焉，多为绘画拓影图记以彰之，严为守护以保之，设乡导人以发明之，广招外人之游展，以使吾之精华，保千百于什一，其亦庶乎其可也。否则碧眼高鼻者，富而好古者，日以收吾古物为事，恐不十数年而吾精华尽去也”。先生在颠沛流离之际，依然心系文化古迹保护，历尽艰辛将这批石雕带回，就是先生热爱古物的真实写照，其思想对中国文物保护及开展博物馆事业的影响极为深远。

二、意大利石雕赏析

依照康有为的《欧洲十一国游记》记载，马丁堂的意大利石雕均购自凯撒大帝“出生之室”：“断石碎瓦，皆数千年之遗物，满地皆然。石碑石像，刻画刻字，堆积冈头，或以甃花①，或以蹑蹬②，亦有老妪陈列之于凯撒室前而出售者……然罗马古物之入中国，当自我始，亦可自夸矣。”③目前展藏于马丁堂的意大利石雕共13件套，其中以狮子、女神像为最精美。石狮是古罗马雕塑艺术的典型代表，具有浓郁的写实与理想美相结合的风格特征。其中摆放在马丁堂门口的两座石狮（图1、图2）高0.85米，底座长0.82米、宽0.4米。石狮体形与真狮接近，刻以写实的手法，毛发浓密呈卷曲状，骨骼和肌肉雕刻得细腻逼真，与想象写意、虚构形象的中国石狮具有鲜明的差别。蹲踞石狮（图3）高0.89米，底座长宽分别为

① 甃（zhou，四声）：以砖石垒砌。

② 蹑蹬：踩踏石级。

③ 康有为：《欧洲十一国游记二种》，钟叔河主编《走向世界丛书》，岳麓书社1985年版，第151页。

图4　女神雕像

图5　以赛亚像

0.52米和0.35米。其毛发呈大波浪状卷曲，头部向左微侧，狮口张开，怒目圆睁作吼叫状。石狮的右前爪扶持着一块立在地面上的五边、锥形盾牌，盾牌上有花卉植物的浅浮雕。狮尾摆动至前面，自然地斜搭过两只后爪而放置在盾牌前。这座石狮采用拟人化的雕刻技法，特别是蹲踞的姿态以及仿人面的风格，极易使人联想到希腊神话中半人半兽、人面狮身的斯芬克斯（Sphinx）。

马丁堂展藏的站立女神石像（图4），高1.56米，圆饼形底座直径0.46米、厚0.07米，底座边轮上刻有"BORSANTIN"字样，全部大写，但首字母B书写较大，其余字母较小。女神头发盘起，头部向右微侧，高鼻小口，面容温和，神情安定，眼睛晶莹传神。女神右手握着一件东西，举在胸前，因所握物品上半截残断，不明其详；左手自然下垂捏扶一经卷，经卷下有一细长石柱。女神身穿轻盈细软的薄纱长裙，中间系一腰带；双脚一半被长裙轻轻覆盖住、一半露出，给人以无限灵动之感。女神像采用大理石材质，看上去似冰肌玉肤一般，更加突出了女性的柔美。

女神像的雕塑风格与意大利文艺复兴初期艺术家南尼·迪班科（NannidiBanco）的作品风格相像。1408年年初，南尼用大理石雕刻的先知以赛亚像（图5），其艺术风格介于传统哥特式形象和古典艺术风格之间：根据哥特式典范，这一雕像的身体重量落在右腿上，斗篷上的褶皱以及以赛亚左手所持的卷轴，同样与哥特式典范相符。另一方面，雕像强调了身体的实体存在性，外袍之下的身体好像可以触摸到一般；露在外面的胳膊、面部的表情以及古典

图6 安东尼半身无臂石雕神像

风格的头发，都更像15世纪初期古典风格的产物。马丁堂的女神像同样如此，其身体的重量在右腿上，右胯送出、右臀翘楚，给人以丰腴之美感；左手手扶卷轴，为了表现身体的左右平衡，在左腿侧雕有磐柱，女神似乎是斜倚在磐柱上；她身穿背心长裙，衣服从左肩上滑落，露出香肩和胳膊，包括颈部的褶皱，展现女神的自然柔美、栩栩如生；服装的质感被雕刻家细腻地表现出来—— 肩头上的扣子、领口、腰部、臀部以及右腿上细微的褶皱，凸显织物的薄与轻盈，像丝绸或薄纱，这种质感的“衣服”使女神的身体看似隐藏，其实则更加凸显。左腿、左胳膊近乎裸露出来，更加强调、突出了整个身体的柔美。另外，女神面带微笑、神情安静且平和，体现了基督教信念中的理想形象，具有很强的宗教感染力。

有意思的是，康有为先生认为，中国人和西方人“廉耻感”的不同是造就艺术风格不同的直接原因。他最初看到古希腊、罗马雕像时，感叹其之精巧：“毛发骨肉如生，筋脉摇注。希腊、罗马，古以雕刻名大地，今观之，信不虚传也。其像纯为赤体，盖非此则筋脉不见，而精巧不出，亦其时男女之界不严之故也。今男女入观者，扪娑忘形焉。中国刻像不精，以廉耻甚重，难作裸体故也。凡义有所偏重者，即有所短失，无可如何矣。”[①]马丁堂这批石雕中无裸体女神像，应与“康圣人”的理解和偏好有关。

马丁堂还有一座半身无臂石雕神像（图6），高0.78米。这尊雕像极有可能是康有为所说的“安敦像”。“安敦”即“马克·安东尼（Mark Antony 83-30B.C.）”，是凯撒最重要的

① 康有为：《欧洲十一国游记》，湖南人民出版社1980年版，第74页。

图7 儿童天使石雕

图8 磐柱石雕

图9 磐柱石雕

军队指挥官和管理人员之一，古罗马政治家和军事家。这尊安东尼雕像的头发呈波浪状披在肩头，嘴唇轻抿，嘴角略上扬，面带微笑。神像头部雕饰非常复杂，共有六七个层次：高耸鼓起的发髻、帽子、帽檐、流苏、头冠、抹额。粗大的流苏放在眉心；钱币大小的圆饼串起来形成抹额；脖颈上戴有由串珠、间有长方形或圆饼形牌饰做成的项链，绕了三圈；胸前佩戴的挂饰为“双头斧”串饰，其左右对称分别坠着长方形、圆饼形牌饰，长方形牌饰上刻有十字架纹；胸前挂饰上硕大的吊坠非常抢眼，看起来像神父胸前佩戴的圆盘形圣物。宽、深且密布的褶皱显示衣料质地厚重。与立女雕像相比，这座半身雕像是“人的神化”——华丽且完美；而立女神像是“神的人化”——逼真且自然。半身石雕神像的艺术风格似乎与意大利文艺复兴晚期“矫饰主义”或称“风格主义”（Mannerism）的艺术风格相像，突破古典主义自然、和谐、理性的藩篱，转而追求形式主义，装饰繁缛，让人联想到创作者可能是一位雕刻技术娴熟的工匠而非艺术家。

马丁堂的儿童天使石雕（图7），高0.9米。天使左手拿着一个竹篮，篮中“鸽妈妈”正在喂哺雏鸽；右手高高举起，手掌托着一只待飞的鸽子，眼神专注、充满爱意地注视着，仿佛迫切地希望鸽子展翅高飞、带来和平与自由。天使身上背着一个宝塔状水壶，巧妙地遮住私处。包裹篮子的丝布脱落而下，底座上左脚边还装饰着一簇含苞待放的玫瑰花，雕塑整体展现赞美母爱、颂扬和平的意境。

这批石雕中还包括四根磐柱（图8、图9、图11、图12）及一件石雕花盆（图10）。磐柱可能是摆放在院落中，柱顶放置花盆，用以装点庭院。磐柱形制不一，有长方体磐柱、圆柱、三棱柱等，高度为1.1～1.3米。四根磐柱的柱面上浅浮雕有各种瑰丽、诡异的图案：花卉、花瓶、果实、植物、爬行动物、飞鸟、飞鸽、张开大口的“魔鬼”等，浮雕的主题充满丰富的想象。最引人瞩目的是那件方顶、圆底、圆柱形磐柱（图12），其浮雕主题可能与女性、性或生殖崇拜有关，画面中女神全身赤裸，第二性征凸显——丰硕的乳房、臀部、叉开大腿极具夸张的蹲姿。石雕大花盆盆高0.56米，口径0.48米。花盆内部粗糙，外表深浅浮雕

图10　石雕花盆

图11　石雕磐柱

图12　石雕磐柱

搭配，盆口用铜钱串的浅浮雕点缀；花盆中部深浮雕有四个狮头，像从花盆里探出头来一样，狮口微张，有极强的立体感。四个狮子头部大小及面部表情一致，间以动植物浅浮雕，造型别具一格。

马丁堂展藏的意大利石雕远渡重洋在康乐园“安家”近百年。如果您有幸徜徉在中山大学康乐园校区，有幸在马丁堂驻足、瞻仰堂中精美的意大利石雕，一定会对康有为先生油然而生钦佩之情！先生在颠沛流离之际将重达过吨的雕像携回，以教化国人，是何等圣贤！岭南大学首任华人校长钟荣光先生高瞻远瞩，将这批雕像征集而来，展藏于康乐园中供莘莘学子欣赏品评、陶冶性情，又是何等壮举！一百多年来，这批雕像命运多舛，“破四旧”时期遭遇的“累累伤痕”犹存：石狮的底座被砸烂，被埋入污泥中，浓密的毛发因被淤泥浸染而变色；女神像手指、卷轴被砸断，“裙裾”污渍点点，后背用浓黑的毛笔胡乱书写着“总统滚蛋！”；半身石雕像圣洁的底座上被墨笔乱涂着“害人虫！向旧世界开炮！打烂洋鬼！”等字迹……一百多年前，这些在罗马街头随处可见的石雕，在今天足以成为稀世珍品——它们承载着中国近代先贤向西方学习的志向，警醒着那一段不堪回首但又绝不能忘却的岁月。唯有珍视马丁堂、珍藏石雕，它们安然无恙，就是对先贤们最好的纪念。

（本文得到人类学系考古、文物与博物馆专业研究生刘芮、游越、谢立强拍照、技术处理、测量并查找相关资料，谨表谢忱！）

参考文献

[1] 康有为.欧洲十一国游记二种［M］//钟叔河.走向世界丛书.长沙：岳麓书社，1985.
[2] 坂出祥伸.康有为传［M］.叶研，译.台北：国际文化事业有限公司，1989.
[3] 黄晶.康有为传［M］.北京：北京联合出版公司，2013.
[4] 汤志钧.康有为政论集［M］.北京：中华书局，1981.
[5] 张荣华.康有为往来书信集［M］.北京：中国人民大学出版社，2012.
[6] 贺国强.“以诗为命、徘徊中心”：论同光体诗人胡朝梁［J］.九江学院学报，2008(2).

《岭南大学校报》所载1920—1930年人类学博物馆轶事

李宁利 整理

一、私立岭南大学博物馆组织章程

第一条：博物馆依照本校组织大纲第十二条组织之。

第二条：博物馆设馆长一人，由校长聘任之，承校长之指导，统理馆内一切事务。

第三条：博物馆设助理员若干人，受馆长之指导，监督处理下列各项事务：

甲．关于文牍事项：（子）收发及撰核信件；
（丑）典守印信；
（寅）编制预算；
（卯）纪录议案；
（辰）编制报告表册。

乙．关于庶务事项：（子）检查及对勘馆内品物；
（丑）修饰及清洁馆内品物；
（寅）助理一切陈列及招待事宜。

丙．关于编目事项：（子）登记收入品物；
（丑）分类排列品物；
（寅）编制目录；
（卯）编制标签。

丁．关于征求事项：（子）向国内外征求及买收品物；
（丑）与各地博物馆交换品物。

第四条：本馆参观规则及时间，另订之。

第五条：本章程如有未尽善之处，由校董会修正之。

（载于1927年第2期，第20—21页）

嶺南大學校報

甲．關於文牘事項：
(子)收發及撰核信件，
(丑)典守印信，
(寅)編製預算，
(卯)紀錄議案，
(辰)編製報告表册。
乙．關於庶務事項：
(子)檢查及對勘館內品物，
(丑)修飾及清潔館內品物，
(寅)助理一切陳列及招待事宜。
丙．關於編目事項：
(子)登記收入品物，
(丑)分類排列品物，
(寅)編製目錄，
(卯)編製標籤。
丁．關於徵求事項：
(子)向國內外徵求及買收品物，
(丑)與各地博物院交換品物。
第四條．本館參觀規則及時間，另訂之。
第五條．本章程如有未盡善之處，由校董會修正之。

图1 《岭南大学校报》1927年第2期，第21页（局部）

紀事

山人海，咸欲一覩飛將軍技術，該校全體同學均到場參觀外，並駕駛飛機到場環繞助慶，本校隊員爲夏日華，許寶漢，陳耀熾，伍舜德，温耀武，劉順明，(上)余文偉(下)麥兆成，黃錦裳，伍伯就，容敏光，黃樹邦，球証爲鍾柏祥，巡線員爲陳煥文，楊重光，三時開球我隊卽取攻勢，果于十分鐘後，由(石輔)黃錦裳勝敵一球，對方作猛烈反攻，我方守門員夏日華奮勇拒敵，頻險者屢，稍一鬆懈，卽被對方攻入一球，是時觀者以爲最後勝利，未知誰屬，當時雙方未分勝敗，混戰愈烈，橫衝直撞，好看煞人，忽於上半場將終之三分鐘前，我隊右翼黃樹邦神出鬼沒，復中敵一球，上半場結果，遂爲二對一之比，我隊勝，休息時，雙方均計劃如何勝敵之法，敵愾緊張，號笛一鳴，雙方更易地位，對方攻勢愈烈，惟我方不願退於喫力，單取守勢，以逸待勞，故終下半場仍能保持二對一之勝利耳，是日我方好手，郭琳褒，劉耀邦，均因事在假不能參戰爲憾云。

博物館最近消息

▲編列目錄　本校博物館以現在品物漸有增加，及地方擴大，除由冼館長協同助理員將各品分門別類，編列目錄紙外，併加製玻璃櫥，玆計館中各物已經編定者有二

1．人類學

a 馬來器物十三件
b 安南器物二十三件
c 暹羅器物九件
d 美洲土人器物十四件
e 美洲器人十六件
南洋器物三件
g 高麗器物二十三件
h 加洲土人器物五十九件
i 西藏器物三件
j 中國器物四十七件
K 廣東出品四十七件
L 各省出品八件

其他各國共七件

以上關於人類學器物已經編竣，尚有其他品物，在編列中云

▲新列陳列品　昨由黃莫京先生將在海南所得狩獵勝利品，送校陳列者，計有朱頂鶴一隻，高約二尺許，狸貓一頭，及黃麖一頭，均已製成標本然後送校陳列，彌可感謝也。

图2《岭南大学校报》1929年第1卷第8期，第78页（局部）

二、博物馆最近消息：编列目录、新列陈列品

编列目录：

本校博物馆以现在品物渐有增加，及地方扩大，除由冼馆长协同助理员将各品分门别类，编列目录纸外，并加制玻璃橱，兹计馆中各物已经编定者有二：

（1）人类学：a.马来器物十三件；b.安南器物二十三件；c.暹罗器物九件；d.美洲土人器物十四件；e.美洲器人（此处笔误，应为“器物”）十六件；f.南洋器物三件；g.高丽器物二十三件；h.加州土人器物五十九件；i.西藏器物三件；j.中国器物四十七件；k.广东出品四十七件；L.各省出品八件；

（2）其他各国共七件。

以上关于人类学器物已经编竣，尚有其他品物，在编列中云。

新列陈列品：

昨由黄莫京先生将在海南所得狩猎胜利品，送校陈列者，计有朱顶鹤一只，高约二尺许；狸猫一头，及黄麖一头，均已制成标本然后送校陈列，弥可感谢也。

新刻馆额：馆门首新悬一蓝地白字篆书匾额，较前大逾数倍，颇觉堂皇，字体遒劲，开系杨果庵教授手笔云。

（载于1929年第1卷第8期，第78—79页）

三、博物馆扩张陈列地点

本校博物馆搜罗颇罗，只限于陈列地点，颇形拥挤，昨经大学生会办事处迁地之后，所余一室，由冼馆长饬工改并，当将各种厨架，布置一新，及新增古铜器多种，系由华盛顿大学赠送，古色古香，扑人眉宇云。

（载于1929年第1卷第2期，第13—14页）

四、博物馆新得科举时文蓝本多种

本校博物馆为求增加陈列品物起见，已积极搜罗，昨又由冼馆长搜得蓝本多种，每本宽仅二寸，字小如蚁，一方想见当时学子出路之艰，与用力之苦，及艺术之巧；他方面即足见专制时代之刍狗[①]人才，毒灰余焰，使后之读书者起无限观感云。

（载于1929年第1卷第10期，第94页）

博物館新得科舉時文藍本多種

本校博物館爲求增加陳列品物起見，已積極搜羅，昨又由冼館長搜得藍本多種，每本寬僅二寸，字小如蟻，一方想見當時學子出路之艱，與用力之苦，及藝術之巧，他方面卽足見專制時代之芻狗人才，毒灰餘焰，使後之讀書者起無限觀感云。

規復南大華僑學生總會近訊

四月十五日下午五時，規復南大華僑學生總會委員會，在麥應基先生府上開會，大學及各附校僑生代表均有參加，對于總會組織章程，作詳細之討論幷議决在日間舉行僑生報名登記，然後召集大會，選舉正式職員云。

附僑員生比賽足球

僑校學生足球隊，于四月十八午後與該校敎職員作友誼比賽，雙方異常奮發，學生尤猛不可當，至下半場時，大雨淋漓，仍不能手，結果是學生勝，三與一之比，一場惡戰，遂告結束云。

附僑學生組織自治

僑校學生爲養成自治能力起見，特向學校請求准在學生

94

图3 《岭南大学校报》1929年，第94页（局部）

五、博物馆之新陈列品

博物馆日来新到贵重品物颇多，足供称道者，计有：紫檀房子模型，或云配殿，乃明朝造工，其屏门之雕刻，浑厚而华贵，与前清内务府所作之宫殿模型不同。又有珐琅质而加以鎏金之喇嘛塔模型，为乾隆朝制造，工作甚佳。此外更有张伯憩先生（注：此处有误，应为“张憩伯”）[②]所送之唐朝三色花纹瓷碗、宋朝白质墨彩瓷罐、元朝淡蓝色瓷洗、明朝深蓝色

---

① 老子《道德经》：“天地不仁，以万物为刍狗”。刍狗，古代祭祀时用草扎成的狗，在祭祀之前是很受人们重视的祭品，但用过以后即被丢弃。后世以“刍狗”比喻微贱无用的事物或言论等。

② 张荫棠（？-1935），字憩伯，广东南海人。清光绪十八年（1892）纳资为内阁中书，次年考取海军衙门章京。光绪二十二年（1896），随伍廷芳赴美出任驻美国使领馆三等参赞，次年改任旧金山领事，寻调任西班牙代办。光绪三十年（1904），任直隶补用道，三十一年（1905），奉命以参赞身份随外务部侍郎唐绍仪赴印度与英印谈判续订藏约事宜，始与藏事结缘。张荫棠到藏后，从与西藏地方筹议善后问题着手，倡言革新、筹划新政，提出了五大方面的主和措施，即以“收回主权”为核心的政治改革；以创设“九局”为核心的兴办实业；以“兴学堂开报馆设医馆”为核心的发展科教文教卫生事业；以劝导“藏俗改良”为核心的社会改良；以“编练新军”为核心的整顿军备；这些主张和措施开启了清末藏事改革之先河。他力挽西藏主权、坚决维护国家统一，以及诸多主张和措施对后来西藏经济社会的发展产生重要影响的方面，多为后世史家所颂扬。参照陈鹏辉：张荫棠遭训诫与离藏原因探析，http://www.iqh.net.cn/info.asp?column_id=9514。

瓷瓶、都新近由北平运到；至其他古器，尚有多件，经分柜陈列，任人观览，颇足供古物之参考。

（载于1930年第2卷第23期，第227页）

六、博物馆近讯：新得赠品、征求各国古今货币

（一）新得赠品：

李務滋先生自暹罗归返国时，携有该地之银币十余种见赠。

张憩伯先生又赠蒙古器物十六件，其中有食具、用具、玩具等，观此可知蒙古人生活大概；

本校员工教员李棠先生赠自绘油画九幅，甚属精美，乃其近年得意作品云。

（二）征求各国古今货币：

本校博物馆，对于各国古今货币，历年注意搜罗，所得虽不敢云多，然亦可略供参考。现时除本国古今货币具有一部分外，则英、美、德、法、日、俄、意大利、瑞典、丹麦、瑞士、土耳其、西班牙、葡萄牙、墨西哥、荷兰、比利时、匈牙利、希腊、暹罗、安南、印度、坎拿大（加拿大）、菲律宾、埃及、爱尔兰、哥伦比亚、巴拿马、开都拉斯（洪都拉斯）、锡兰、香港、及南非洲各民主国之纸币、银币、铜币，都有多少陈列；至今仍在征求中。极望邦人君子，予以热心赞助，俾地日趋完备，完成此种美举也。因将该馆征求启事录于后方：

本校博物馆目下分设各国古今货币陈列部，从事征求，自开始至今，日形进步，倘承诸君子鼎力帮忙，或赐或换，则完备之各国货币陈列，不久将见于我校之博物馆矣。诸君有意，请先观所陈，便请接洽，是所厚望。

（载于1930年第2卷第27期，第328页）

七、博物馆新陈列珊瑚四柜

去年澳洲游历家夏文先生（Mr. H. W. Hermaun）到校参观，对于博物馆深有兴味；并言该馆规模尚小，亟宜扩充，自愿有所馈赠，俾作提倡。日昨乃接到其所送之珊瑚两大箱，经在博物馆分四柜陈列。具有颜色多种，新奇艳丽，极为夺目。黄色中则有：蛋黄、橙黄、杏黄、蟹黄等；绿色中则有：水绿、浅绿、翠绿、暗碧、鸭头青等；红色中则有：粉红、嫣红、褪红等；此外复有玉棠白、魏家紫各色，尤属少见；而一座珊瑚之具两种色彩者亦多，固令观者眼界为新，而赠者之情谊高深，更可感也。

（载于1931年第2卷第29期，第382—383页）

八、博物馆新得一精工神龛

博物馆新得本校旧生圆社同人赠神龛一座，洵称绝工。龛高一尺二寸、广一尺。正面有门二扇，门上横方雕梅竹喜鹊，门可启闭。每扇雕刻分三截：右门最上截雕牡丹栖凤，上中截雕织锦堆花，中下截雕厅事陈设全套．居中博古桌子一，上置花瓶，插以梅花牡丹，瓶腹雕“黄华自古称高士”诗一句，下雕双喜字，有座。在左为长桌，桌下有书案，陈文房四宝，有砚台一、水池一、印盒一、画斗一、笔筒一、笔参差可数。长桌上供香炉，炉中透雕福禄二字，有盖、有座。炉右置小几，几上供佛手橼一。居右有树根高几，几上置自鸣钟一

座。钟左有几，兜鍪①在焉。花树根底下立白鹤，口含蟠桃一枝，叶与果玲珑可辨。鹤右陈花篮，亦透雕鲜花盈盈也。门下截雕小鸟一只，嘤鸣相唤，立于层苔茶花间。

左门雕刻大致如右，惟中下节所刻厅事杂供，布置少异。居中亦设一几，置大花瓶，与右门花边遥遥相对，相呼应。瓶插莲菊诸花，腹部雕“白雪於今百福堂”诗句。在左横长桌，桌上置蜡烛台，烛至巨。烛台供香瓜一盘，果盒一。桌下为圆案，杯盘罗列，有酒壶茶壶各一，酒盏二茶碗一，锜一，簠簋各一。圆案下左置炉，炉上有壶，想系煮茗者。炉右有水罂，至圆好。居右有圆桌，桌上置几，几中透雕丁财贵寿四字。几上供圆鼎，浑圜可资抚摩。桌下左放兜鍪，右立梅花鹿，鹿仰首衔灵芝草，位置甚佳。左门下截雕茶花小鸟，同右不缀。

两扇门下承以横枋，雕“寿”字一十有九，每字长约六分，广约五分，笔画整直。寿字下又有横枋，雕葡萄松鼠：计葡萄累累者九见，松鼠七见，姿态不一。横枋下又雕凸菊花瓣一行，瓣凡四十有八，悉中规矩。龛脚作弧纹，上下雕螭龙蟠鼠，皆浮凸。

启两门，门背面皆满雕，右扇雕白玉堂花，双鹤翔其上，三麟栖其下。山石玲珑如切，左扇则松桂双鹿也。

启门进观，龛中又有天地。前楣及两旁雕螭龙纹，上嵌灵芝蝠鼠，下杴高仅四分，作八骏图——有俯首啮草者、有仰卧者、有迴头者、有昂首长嘶者、有疾足奔走者、有饮水者、有缩身凝望者、有行者，活泼逼真，画工为阁笔也。八骏图下复作弧纹图案。

龛内设活动屏风，屏五叶，每叶雕刻分四截，最上截皆作福字螭龙，上截作金字赞文，中截以次为梅竹福字菊兰。下截第一叶作卷书，左雕“屏开画栋光先德”诗一句，右雕一瓶，瓶插扇羽画卷。第二叶作穗麦麒麟，第三叶作蟠桃佛手，第四叶作雀鹿蜂猴，第五叶亦作卷书形，左雕一瓶，右雕“香绕金炉礼后贤”诗句。至其上截赞文，皆金字精镌。第一叶镌“干台公行述赞”六字，下嵌赏心章，旁雕八宝之四事；第二叶至第四叶为赞，其文曰：“恭维叔翁，秉性谦冲，金锡内蕴，琇莹外充，持己接物，儒雅泽躬。克敦孝友，门内雍雍。课督子姪，道重师隆。勤治生产，家业日丰。疏河建塔，济物功崇。赈饥剿匪，保障棉封。矧有令嗣，兰桂成丛。朝衣黼黻②，佩玉雍容。遗容宛在，景仰在中。馨香俎豆，百世靡穷。”第五叶下款作又姪丽椿敬题，下有鹿字椿字章，旁又雕八宝之四事，应第一叶。

计全龛浮雕，玲珑透凸，多者雕至八层。凡几桌彝鼎玩具以至鸟兽花果草木，无不齐备逼肖，所谓神工者此欤。然圆社同人，知博物馆之能珍重保存，忻赏及众，由张焯堃、区克明、罗有节、廖奉恩、张荣焜、邓警亚、麦会华、欧阳濬、李枚叔、邓英华、邓嗣雄、何家焯、霍炎昌、梁少衡等君送出，公德心尤足多也。

此文本为博物馆长冼君笔记，确能将该神龛工作之佳处刻画至造微入妙，乃不忍删节而尽登之。

编者附誌

（载于1931年第3卷第5期，第92—94页）

① 兜鍪：古代战士戴的头盔。

② 黼黻（fufu）：泛指礼服上所绣的华美花纹。古代衣服边上有规律的“黑白”“黑青”相间的花纹，多指官服；外观类似商朝青铜器上的边框纹路。

九、博物馆之北平幌子展览

中日文化协会研究系，摄得北平幌子写真百张，以一份赠我校博物馆。前旬经公开陈列一星期，到而参观者甚多。幌子粤名招牌，每张样式不同，其代表方法亦各异，如：（一）以文字代表者，若增庆斋糕点粉面等；（二）以实物代表者，若卖茶则置一大壶于门外，卖音乐器则悬一琵琶于门前等；（三）以意会者，若卖酒则悬一“天子呼来不上船”之幌子，卖帽则置木猴于门前，取沐猴而冠之意等。此外则每店之建筑、每店门前之装修，五花八门，令人目不暇接。观此者如身历北平街道中也。

（载于1931年第3卷第8期，第145页）

十、水塔模型陈列博物馆

本校自来水塔之建筑，为格兰先生一生心血而成。全校卫生所关，员生翘首企足以望其实现者久矣。现已兴工多日，早誌前刊。该水塔之模型，经已由工程师杨锡宗君制好，送至博物馆陈列。计全塔高一百二十五尺，方形，每边阔二十尺，嵌以美丽之四面大自鸣钟，闻从中流砥柱及白鹅潭亦可望见时刻。塔下座有平台栏杆，可资憩息，循阶而下，可直到喷水池。该模型雅致可观,惜缩小太甚,未足以显其宏伟耳。欲先睹为快者,可请到博物馆一行也。

（载于1931第3卷第11期，第195页）

十一、博物馆迁至十友堂

本校博物馆址，原定在格兰堂东北，与烈士钟亭夹东大道平行，因工程巨大，需款浩繁，尚未筹建，只暂用马丁堂一楼中座，作小规模之陈列，以开其端。年来所得物件渐多，地方因不敷用，前月乃迁于十友堂（农学院）一楼之大堂，并益以堂之北部东西二室；陈列地方，约多一倍，虽比前较胜，然仍有待于大规模博物馆之建筑也。现时馆所，亦甚开朗，正门向北，入门即观本校具体模型，再进则有紫檀制宫殿模型，都甚伟观。四旁陈设自澳洲送来之珊瑚，状态奇诡，色彩眩耀，凡十数种，亦属难得佳品。左右布置，则有烈士钟亭模型，及铜制佛塔。

宫殿模型后第一列，右为明代紫制之房子模型，左为圆社所送称为鬼工之神龛。

第二列，平排玻璃柜六具，所陈多古代物，有象笏，雕漆器皿、铜印、铜器，约二十事；又有铜镜十三、玉器十二、晋砖、葫芦瓜碗，及蒙古器物等，凡二十有四。

第三列有玻璃柜七，陈列汉鼎、金塔、宣炉、及铜鸭炉、铜兽炉等五十余具。唐、宋、元、明瓷品凡十二具。中国乐器：如琴、瑟、篪、笛、玉箫、石磬、及乾隆御用之胡琴，凡十有六，古色盎然，颇足供参考。其余则为高丽服装标本、安南器物及本校水塔、喇嘛塔等模型。

第四列，在堂之最南部，陈玻璃柜三，左右为斐洲土人常用物品，中列晋、宋、明砖瓦十数。

堂之西端，陈列各国古今泉币、暹罗乐器、菲律宾藤器，各都不少，而庙寺之木雕壁像，泥塑神像等，亦杂陈其间。堂之东端，位置较狭，列瓷器、瓦器、铜器之属约二十件。北部东西室，一陈鸟兽、木材标本及贝类，中有鸟百余种，贝称是。野兽有豹、狸、箭猪；海物有鳄鱼、玳瑁，略作点缀，为物不多。因本校生物学系，年来搜集鸟、兽、虫、鱼、草、木、花、果，以及药物、矿物种种标本，不遗余力，所得甚富，将另设动植物标本室于科学院，以供专门研究者之参考，博物馆对此不须再事寻求也。其他一室，大概用以陈列美术品，现有本校教员欧阳濬、梁銮、李棠等君之油画十数幅。

本校之博物馆，不过仅具雏形，建筑馆舍，尚须有待，倘承热心校友，多以物品惠赠，俾罗列万有，蔚为大观，使增邦人学子识见，则盼感至深也。

（载于1931年第3卷第20期，第370—371页）

嶺南大學校報第三卷

深詳研究，方能勝利。此禮堂之橫額，有爲國捐軀雖死猶榮八大字，尙令人感動　在本大學中，更可寫以爲國用腦雖死猶榮等語，尤令人感奮。演講既畢，掌聲如雷。演講後，蔡張兩先生在鐘校長宅中午餐，隨往校內各處參觀，極爲稱許，並謂本校允爲南中國私立大學中規模最偉大。建設最完備。約至下午三時許，始與辭而去云。

博物館遷至十友堂

本校博物館館址，原定在格蘭堂東北，與烈士鐘亭夾東大道平行，因工程巨大，需欵浩繁，尙未籌建；祇暫用馬丁堂一樓中座，作小規模之陳列，以開其端。年來所得物件漸多，地方因不敷用，前月乃遷於十友堂（農學院）一樓之大堂，幷益以堂之北部東西二室；陳列地方，約多一倍，雖比前較勝，然仍有待於大規模博物館之建築也。現時館所，亦甚開朗，正門向北，入門即覩本校具體模型，再進則有紫檀製宮殿模型，都甚偉觀；四旁陳設自澳洲送來之珊瑚，狀態奇詭，色彩眩耀，凡十數種，亦屬難得佳品。左右佈置，則有烈士鐘亭模型，及銅製佛塔。宮殿模型後第一列，右爲明代紫製之房子模型，左爲圓社所送稱爲鬼工之神龕。

第二列，平排玻璃櫃六具，所陳多古代物，有象笏，雕漆器皿，銅印，銅器，約二十事。又有銅鏡十三，玉器十二，晉磚，葫蘆瓜碗，及蒙古器物等，凡二十有四。第三列，有玻璃櫃七，陳列漢鼎，金塔，宣爐，及銅鴨爐，銅獸爐等五十餘具。唐宋元，明，瓷品凡十二具。中國樂器：如琴，瑟，箎，笛，玉簫，石磬，及乾隆御用之胡琴，凡十有六，古色藹然，頗足供參考。其餘則爲高麗服裝標本，安南器物，及本校水塔，喇嘛塔等模型。第四列，在堂之最南部，陳玻璃櫃三，左右爲斐洲土人常用物品，中列晉，宋，明，磚瓦十數。堂之西端，陳列各國古今泉幣，暹羅樂器，菲律賓籐器，各都不少，而廟寺之木雕壁像，坭塑神像等，亦雜陳其間。堂之東端，位置較狹，列瓷器，瓦器，銅器之屬約二十件。北部東西室，一陳鳥獸，木材標本，及貝類；中有鳥百餘種，貝稱是。野獸有豹，貍，箭豬。海物有鱷魚　玳瑁。略作點綴，爲物不多。因本校生物學系，年來搜集鳥，獸，蟲，魚，草，木，花，菓；以及藥物，礦物，種種標本，不遺餘力，所得甚富，將另設動植物標本室於科學院，以供專門研究者之參考，博物館對此不須再事尋求也。其他一室，大概用以陳列美術品，現有本校教員歐陽濬梁鑾，李棠，等君之油畫十

370

图4 《岭南大学校报》1931年第3卷第20期，第370页（局部）

十二、筹备自然界博物馆

自然界博物馆，是另行设立，与现时校内之博物馆不同，因本校年来派员向省内各属及南中国各省搜集得植物动物甚多，已有一万零四百余种，并经制成标本一十四万五千余件，数量既巨，所值不资；加以原有植物标本室所存之各类竹木花草及药物等甚富，只此植物标本室，已觉堂皇大观矣。兹拟两者联合，组成一自然界博物馆，以应员生研究参考需求，通力合作，将来发展当更易。昨经由校长派出梁敬敦、高鲁甫两院长，迺尼、贺辅民两教授，及学务主任秘书陈荣捷等五人为筹备委员。俾好悉心研究，先定有无联合之必要，以期审慎周详。现经该委员会一致通过，认为应速进行。其意以本校是处一特殊地位，就地理而论，则在于温热两带之间，所有植物动物，亦为两带间之产品，且中多奇异，与别带所产生者不同。实予生物学界人士以丰富资料，为他处所不易得，甚或为全球各处之所无。此种现成产物，既是南中国所特有，与欧西各国书籍所载亦多差别，此即予生物学界人士一种特殊义务。成立自然界博物馆，实所当为。在教授方面，应将本地出产随时拿到课室讲授，因学生应知其四围有甚产物，实际观察，远胜于专赖课本上之文字图形。而舶来之动植物标本，不独不尽合宜，更用费过多，不如利用本地产物之经济。若以誊写法出讲义，或印关于本地产物之书籍以为教授，比诸外国来之书籍而讲及此地所无之产物者，所益实多。更此种现成产品，可以供给南中国各学校之用，尤其是我岭南大学需要至殷。较大之义务，便将此种产物拱诸世界，似此，可由一学系所得之声誉，而令本校达到崇高之地位。并希望同事中，每人认定研究一种出产，作为一部分职责，则将来本校自然科学，自可与世界一同进步，并驾齐驱矣。

该委员会之决议案，并有数条，略列于下：

（一）岭南自然界博物馆，应当成立，由生物学系办理之，其名目须与现在之博物馆有别。

，追隨總理奔走革命有年，該日演講題目爲「總理對世界政治學上之供獻」。議論透闢，娓娓動人，聽衆得益不少。演講後，復由銀樂隊奏樂領衆唱校歌，散會巳近十一時矣。南大學生週刊，於是日出有　總理誕辰專號，到會分送，頗多精彩。中有：仰拜國父遺像之前，　總理誕辰雜感，呈獻孫中山先生，(長詩)三民主義之厄運等數篇。而副刊亦載有關於　總理誕辰與中國前途希望之文字頗多。

籌備自然界博物館

自然界博物館，是另行設立，與現時校內之博物館不同，因本校年來派員向省內各屬及南中國各省搜集得植物動物甚多，已有一萬零四百餘種，並經製成標本一十四萬五千餘件，數量既巨，所值不貲；加以原有植物標本室所存之各類竹木花草及藥物等甚富，祇此植物標本室，已覺堂皇大觀矣。茲擬兩者聯合，組成一自然界博物館，以應員生研究參攷需求，通力合作，將來發展當更易。昨經由校長派出梁敬敦，高魯甫兩院長，迺尼，賀輔民兩教授；及學務主任秘書陳榮捷等五人爲籌備委員。俾好悉心研究，先定有無聯合之必要，以期審慎周詳。現經該委員會一致通過，認爲應速進行；其意以本校是處一特殊地位，就地理而論，則在於溫熱兩帶之間，所有植物動物，亦爲兩帶間之產品，且中多奇異，與別

454

图5 《岭南大学校报》1931年第3卷第24—25期，第454页（局部）

（二）关于自然界之历史者：（甲）植物学之工作，考察及搜罗，将各类生植物及干植物用作标本，以备研究参考。并注意关于经济及奇异之产物。（乙）动物学之工作，考察及搜罗，制成标本，以备研究参考，并注意关于经济或特别之产品。

（三）此种工作，是参考研究，以备出版书籍之初级，就是——雏形之教授博物馆。

（四）最大之目的，是集合南中国之动植物。限于南中国之产物，或远胜于漫无限制，搜罗到全球产物之大规模工作，因本校同事多正在各研究一种产物，需由别处征求标本模型，若此，则可以我校所有之物，以应其需要矣。

（载于1931年第3卷第24—25期，第454—455页）

十三、博物馆最近所得陶瓷铜铁器

博物馆搜集古物，为冼玉清馆长所甚注意，年前所得亦多。近又承胡继贤先生、胡栋朝先生、王应榆先生、卢斯女士、伍树昌先生等赠送陶、瓷、铜、铁器物多种，古色盎然，陈列馆中，生色不少。兹将各物分录如次：

唐三彩陶俑一件，高尺四寸，胡继贤先生赠；

明石湾瓦兽一件、乾隆石湾乌金油李铁拐像一件，以上胡栋朝先生赠；

福建德化窑五彩古瓷瓶一件，高尺四寸，仿康熙青花大印盒一件，石臾制嵌银丝铜罗汉一件，高九寸，以上王应榆先生赠；

石湾坐莲大观音一件，高一尺五寸，美国卢斯女士赠；

菲律宾土人用铁匕首一件、铁矛咀一件，铜质犬牙烟嘴一件，该烟嘴犬牙累累，满嵌其中，盖菲人好食狗肉，每宰一头即用一牙饰其烟嘴，以耀其宗族云。以上伍树昌先生赠。

（载于1931年第3卷第24—25期，第461页）

十四、住宅工人不得携小孩入博物馆嬉戏布告

岭南大学布告第一零三号：

为布告事，照得博物馆为保存历史方物，以供员生及来宾参观研究之所，地方理宜肃静，乃闻有本校住户仆妇人等，携同小孩入内嬉戏玩耍，殊属妨碍，亟应严行禁止，以肃观瞻。除由庶务处转知各住户严行告诫各侍役外，合行布告，一体知照。此布。

中华民国二十一年五月二十三日

校长钟荣光

（载于1932年第5卷第2期，第25页）

后记

中山大学人类学博物馆藏品以历史文物、民族文物为主，具有较高的历史和艺术价值，是中山大学宝贵的文化与精神财富。2016年，学校党委组织部将《中山大学人类学博物馆馆藏珍品》图录（以下简称“图录”）列入“中山大学第一批文化传承类重点工作项目”，图录的编辑工作随即展开。

广东省文物鉴定站为图录的编辑出版给予了大力支持。潘鸣皋先生不辞辛劳，执笔撰写了杂项类藏品的器物描述；鲁方、吴生道先生分别细致审校修改了陶瓷类和金属类藏品的器物描述，刘成基先生通校了全稿。我们对广东省文物鉴定站诸位专家的辛苦付出表示衷心感谢。

周繁文讲师协助分章布节、挑选藏品；文物与博物馆专业硕士研究生刘芮同学负责拍摄文物照片，文物与博物馆专业硕士研究生任华利、张晨同学和考古专业本科生黄智彤、谭文妤、梅欣欣等同学协助整理藏品、资料。这些师生的参与，本身就是高校博物馆教学功能的体现。

由于场地限制，人类学博物馆现有一批佛教造像陈列在中山大学图书馆。承姚崇新教授同意，收录了作者先前发表的《中山大学图书馆藏北齐卢舍那法界人中像及相关问题》一文。下编收录的《中山大学图书馆藏北齐阴子岳造像碑初步研究》为文安琪同学的本科毕业论文，指导教师为姚崇新教授。承中山大学社会学与人类学学院李宁利副教授允准，收录了其《马丁堂展藏的意大利石雕赏析》《〈岭南大学校报〉所载1920—1930年代人类学博物馆轶事》两篇文章。

在此，谨向为图录的编辑出版投入关注并付出努力的单位和个人致以诚挚的谢意。图录难免有疏漏之处，敬请专家、读者批评指正。

中山大学人类学博物馆